IMPRESSUM

© Lutz Prauser
Manchmal sind es Goldstücke – Neues von den geliebten Mistviechern und ihren Haltern
1. Auflage 2018
Kleintierverlag Thorsten Geier
Biebertal 2018
ISBN 978-3-944484-20-4

Foto auf der Umschlagseite: Lutz Prauser
 Alle in diesem Buch enthaltenen Empfehlungen und Hinweise wurden vom Autor mit größter Sorgfalt und nach bestem Wissen und Gewissen erstellt. Der Autor und/oder der Verlag können für Schäden, die infolge der Verwendung aller in Text und Abbildungen enthaltenen oder daraus zu entnehmenden Praxishinweise entstehen, nicht haftbar gemacht werden. Dies gilt besonders für Hinweise bzgl. des Baus von Terrarien/Gehegen aller Art, eingeschlossen ihrer technischen Ausstattung. Ziehen Sie ggf. zu jeder baulichen Maßnahme Fachleute hinzu. Beauftragen Sie mit Installation und Wartung stromführender Geräte immer einen Elektriker.

Fotos, wenn nicht anders angegeben: Lutz Prauser

Kleintierverlag Thorsten Geier
Fachverlag für naturnahe Tierhaltung
Postfach 11 11
35441 Biebertal
Telefon: +49 (0)6409 6619485
Telefax: +49 (0)6409 6619485
E-Mail: info@kleintierverlag.de
Internet: www.kleintierverlag.de

Buchgestaltung und Druck: L&W Druck, Bad Endbach

Lutz Prauser

MANCHMAL SIND ES GOLDSTÜCKE

Neues von den geliebten Mistviechern und ihren Haltern

THORSTEN GEIER
kleintierverlag.de
Fachverlag für naturnahe Tierhaltung

INHALTSVERZEICHNIS

INHALT

ES GEHT WIEDER LOS

Mit kritischem Auge betrachtet könnte man sagen: Wenn man ehrlich ist, dann hätte es dieses Buch, das Sie soeben zu lesen begonnen haben, nicht gebraucht. So wie es auch das erste Buch *Manchmal sind es Mistviecher* nicht gebraucht hätte. Eigentlich …

Ich habe es trotzdem geschrieben – erst das eine, jetzt das andere. Weil ich Lust dazu hatte. Ganz einfach. Es ging mir bei beiden Büchern nicht darum, einen weiteren Ratgeber oder ein Fachbuch über Schildkrötenhaltung zu schreiben. Davon gibt es reichlich und es kommen regelmäßig weitere auf den Markt. Viele dieser Bücher sind gut und nützlich. Ich bin froh, dass es sie gibt und ich sie besitze. Ich denke, vielen Leserinnen und Lesern geht das nicht anders.

Natürlich gibt es nach wie vor Themen im Bereich der Schildkrötenhaltung, da fehlt ein gutes Buch oder zumindest ein neueres mit dem aktuellen Wissensstand. Solch ein Buch müsste geschrieben werden. Aber nicht von mir.

Sachbücher liegen mir nicht, ich mag Geschichten. Ich erzähle sie gerne, ich lese und höre sie gerne, ich schreibe sie gerne. Geschichten haben etwas Faszinierendes, sie üben eine ganz eigne Macht aus. Denn sie unterhalten, sie wecken Emotionen, bleiben oft länger im Gedächtnis als Sachtexte und stellen eine persönliche Beziehung zum Erzähler und zum Erzählten her. Trotzdem transportieren sie Meinungen, Wissen, Empfehlungen und Anregungen. Storytelling nennt sich das heutzutage. Das ist in der Kommunikationsbranche das Nonplusultra. Als sei das nicht uralte Tradition, als hätten nicht immer schon Menschen sich Geschichten erzählt und damit gleichzeitig Wissen weitergeben … genau um das geht es mir in diesem Buch.

Eine der skurrilsten Geschichten lese ich im Internet. Weitererzählt hat sie der befreundete

Schildkrötenhalter und -züchter Torsten Kiefer. Zwar kennt er die Story auch nur vom Hörensagen und nur über Dritte, aber das macht sie nicht weniger komisch, vor allem nicht weniger wahr. Komisch allerdings ist diese Begebenheit nur aus der Perspektive der lachenden, schadenfrohen Dritten, der Zuhörer und der Leser.

Im Grunde geht es um einen glimpflich verlaufenen Verkehrsunfall: Eine Frau will ihre Schildkröte zum Tierarzt fahren. Unterwegs entkommt das Tier aus dem Transportbehältnis im Fußraum des Beifahrersitzes und tastet sich in den Fußraum des Fahrers – was wegen der Mittelkonsolen in nahezu allen Fahrzeugen die ganze Story wunderbar unwahrscheinlich und wenig glaubwürdig macht. Aber darum geht es bei diesen *urban legends* nicht.

Im Fußraum der Fahrerin also versteckt sich die verängstigte Schildkröte ausgerechnet hinter der Fußbremse. Wo auch sonst?

Schon hat die Fahrerin ein Riesenproblem: Tritt sie das Pedal durch, um den Wagen zum Stillstand zu bringen, würde das böse für die Schildkröte ausgehen. Ihr bleibt nichts anderes übrig, als den Wagen zu demolieren, um ihn zum Stehen zu bringen. Die arme Fahrerin versucht, so gut es geht, das Auto zu verlangsamen und vor eine Mauer zu setzen. Fahrerin und Schildkröte bleiben unverletzt. Der Wagen aber ist mehr oder weniger hinüber.

Warum bitte sollte ich eine solch entzückende Geschichte nicht glauben?

Warum sollte man kritisch fragen, warum die Frau nicht einfach ausgekuppelt und mit der Handbremse den Wagen angehalten oder den Fuß vom Gas genommen hat, so dass der Wagen immer langsamer wird, bis er von allein stehen bleibt, weil der Motor abgewürgt ist? Es wäre so viel vernünftiger und auch wahrscheinlicher gewesen, als gegen eine Mauer zu krachen.

Das hätte der Geschichte eine höhere Glaubwürdigkeit gegeben, aber ihr Komik und den Wert des Weitererzählens genommen. So aber, egal ob passiert oder nicht, provoziert es ein Schmunzeln. Das reizt zum Weiterspinnen des Erzählfadens, wenn man sich die Gesichter der Polizisten vorstellt, die den Unfall aufnehmen oder die der Sachbearbeiter, die später den Schadensbericht samt Schilderung des Unfallhergangs vorgelegt bekommen.

Also erzähle ich Torstens Geschichte im österreichischen Kaumberg bei einer Tagung in abendlicher Runde bei Christine und Herbert, auch passionierten Schildkrötenfreunden, weiter. Herbert, der mit uns zusammen sitzt, wirft ein, er kenne die Geschichte auch. Allerdings aus erster Hand. Das lässt mich aufhorchen. Erzählt habe sie ihm Ivo Ivanchev, der Leiter des bulgarischen Schildkrötenzentrums Gea Chelonia. Der allerdings sei, so Herbert, mit über 300 Tieren im Auto unterwegs gewesen, um diese aus der Station auszuwildern, als ihm ein Tier unter das Gaspedal geraten sei.

Wunderbar. Welch Koinzidenz. Es gibt keinen Grund, Herberts Schilderungen anzuzweifeln, der nun seinerseits keinen Grund hatte, Ivos Erzählung in Frage zu stellen. Also glaube ich ihm – wie auch Torsten und all den anderen, die ebensolche, bisweilen sehr komische Erlebnisse mit Schildkröten hatten und davon freimütig erzählt haben, ohne zu ahnen, dass der kleine Journalist in mir längst sein imaginäres Notizbuch gezückt und in Gedanken mitgeschrieben hat …

Ich jedenfalls bin dankbar, dass meine Erlebnisse mit Schildkröten harmlos und schadenfrei sind. Weil sie von mir in diesem Buch – wie auch im Vorgänger – aus erster Hand erzählt werden, dürfen Sie ruhig glauben, was Sie hier lesen, selbst wenn das eine oder andere dramaturgisch etwas verdichtet ist.

Dass die Geschichten in gewisser Weise typisch für uns Schildkrötenhalter sind, dass viele Leserinnen und Leser sich in dem Geschilderten meines ersten Buchs wiedergefunden haben, werten Sie bitte als weiteres Indiz: Man muss sich so etwas nicht ausdenken, so etwas passiert wirklich. Oft habe ich nach Veröffentlichung des Buches *Manchmal sind es Mistviecher* gehört: „Genau das habe ich auch erlebt!"

Und jedes Mal habe ich mir gedacht: „Dann habe ich erreicht, was ich wollte."

Ich wollte die Schildkrötenfans in erster Linie unterhalten, vielleicht ein wenig zum Schmunzeln anregen, aber ich wollte uns allen augenzwinkernd den Spiegel vorhalten und klarstellen: Mag sein, dass man uns für Spinner hält. Vielleicht sind wir das auch. Aber wir haben gute Gründe dafür, uns bisweilen merkwürdig zu benehmen: Unsere Tiere.

Zwischen beiden Büchern ist viel geschehen. Und es fing gleich am ersten Verkaufstag gut an.

„Bitte schreib weiter", forderten mich mehrere Besucherinnen und Besucher des Gießener Schildkröten-Workshops 2016 auf, kaum dass das Buch der Öffentlichkeit vorgestellt wurde. Es war noch keine Stunde erhältlich, noch hatte es niemand gelesen, da hörte ich zum ersten Mal: „Wir warten schon jetzt auf den zweiten Teil!"

Darf man den Wunsch der Leserschaft ignorieren? Wer kann da schon „Nein!" sagen, wenn er charmant gefragt, ja geradezu genötigt wird?

Über viele Kanäle bekam ich Feedback. Fremde Leute schrieben mir großartige Mails, andere nutzen Social-Media-Plattformen, um Rückmeldung zu geben. Im Internet wurde viel über *Manchmal sind es Mistviecher* geredet: Überwiegend Gutes. Natürlich nicht nur. Es wurde zum Beispiel darüber diskutiert, ob man seine Tiere überhaupt so nennen

dürfe. Mir wurde vorgehalten, das sei nicht nur eine immense Respektlosigkeit, das zeuge von einem völlig falschen Verständnis von Tierliebe.

Nun gut. Es mag Leute geben, die das so sehen, und meinen, allein aus der Verwendung dieses Wortes ableiten zu können, welche Einstellung ich zu meinen Tieren habe. Das ist ihr gutes Recht. So, wie es das meine ist, meine Tiere gelegentlich als *Mistviecher* zu beschimpfen, was ich bisweilen in Internetdiskussionen mache. Immer wieder gibt es Menschen, die Anstoß daran nehmen. Für andere ist dieses Wort fast eine Redewendung geworden, wenn sie sich augenzwinkernd oder einem gespielten Stoßseufzer darüber mokieren, was ihnen ihre *Mistviecher* „angetan haben".

Stellvertretend für die vielen Rückmeldungen möchte ich aus der allerersten Mail zitieren. Ich erhielt sie einen Tag nach der Veröffentlichung. Eine Leserin schrieb: „ … herzlichen Glückwunsch zu Ihrem Buch. Ich kann es nur empfehlen. Die Geschichten habe ich ‚fast' alle selbst erlebt in meinen 30 Jahren Schildkrötenhaltung, ich könnte es selbst geschrieben haben.

Von Freunden wurde ich immer wieder ermuntert, ein Buch über die *Mistviecher* (so sagt man bei uns in Bayern) zu schreiben. Sie haben es getan. Bravo …"

Wenn solche Nachrichten kein Ansporn sind, sich ein weiteres Mal vor den Computer zu setzen, um mit einem zweiten Teil zu beginnen, dann weiß ich nicht was sonst.

Besonders stolz machte mich einige Monate später ein Kommentar auf Facebook: „Hab über dein Buch in der Schule ein Referat gehalten, war eine glatte 1. Lag auch daran, dass vieles, was drin stand, ich bei mir selber gesehen habe." Was für ein Motivationsschub …

Dass ich mit den *Mistviecher*n auf eine kleine „Tournee" gegangen, von Tagung zu Tagung, von Stammtisch zu Stammtisch getingelt bin,

Lesungen und Vorträge gehalten habe, war eine wunderbare Erfahrung. Es war großartig, überall im Lande vielen „Spinnern“ zu begegnen und sich mit ihnen über unsere gemeinsame Liebe zu Schildkröten zu unterhalten. Fazit: Wir sind nicht allein. Nicht in Wuppertal oder Bad Wildungen, nicht in Heidelberg, Landau, Peine, Ulm, Hamburg, Biebertal, Gersfeld, Dorsten, Kaumberg, Stuttgart oder Seefeld. Wir Schildkrötenhalter haben einfach einen ganz eigenen Ruf.

Als ich im September 2017 bei einem Sportwettkampf in Feldwies am Chiemsee auf Timm treffe, der sich ebenfalls fürs Schwimmen begeistert, haut es mich kurz aus den Socken. Timm steht vor einer Gaststätte. Er telefoniert mit seiner Frau, sieht mich kommen, winkt und ruft „Hallo Lutz!“. Das ist nicht weiter ungewöhnlich. Kurze Zeit später erzählt er mir, dass seine Frau in dem Moment, als sie hörte, wie er meinen Namen rief, ihn spontan gefragt hat: „Ist das die Schildkröte?“

Nicht, dass ich wüsste, dass die beiden Schildkröten besitzen oder sich dafür interessieren. Und seine Frau kenne ich gar nicht und sie mich nicht. Was für ein Ruf eilt mir da voraus? Was denkt sie wohl, wie ich aussehe?

In dieser Zeit entstand das zweite Buch – allen Kritikern zum Trotz und gleichzeitig als Versöhnungsangebot an die, die sich mit dem Titel des ersten Bandes schwer getan haben. Also: *Manchmal sind es Goldstücke.*

Denn natürlich sind sie das – nicht nur buchstäblich, weil zumindest einige Schildkrötenarten und besonders eierlegende Weibchen sehr wertvoll sind. Sie sind auch nicht *Goldstücke*, weil sie im 19. Jahrhundert gelegentlich in noblen Kreisen als wandelndes Inventar beklebt mit allerlei Schmuck und Edelsteinen durch Flure und Gärten liefen um das Haus zu verschönern.

Es geht um ihren ideellen Wert. Wer unter uns Schildkrötenhaltern würde nicht bestätigen, dass seine Tiere *Goldstücke* sind? Sicher weitaus mehr als diejenigen, die unumwunden zugeben, sie gelegentlich als *Mistviecher* zu titulieren.

Zeitgleich mit dem Buch ist bei uns daheim ein neues Schildkrötengehege entstanden. Was liegt näher, als auch darüber zu berichten? Es gibt so viel zu erzählen vor allem, dass es allen Widrigkeiten und meinen extrem begrenzten handwerklichen Fähigkeiten zum Trotz unter viel Fluchen und Lachen dennoch fertig wurde.

Fünf Kapitel in diesem Buch bilden mit einer Art Bautagebuch einen gewissen Rahmen. Dazwischen sind zahlreiche Episoden mit meinen eigenen Schildkröten eingeflochten. Aber es geht nicht nur um sie: Ich habe auch über Tiere, die ich in den Habitaten gesucht und gefunden habe, geschrieben. Parallel zur Entstehung des Buches haben meine Frau und ich Griechenland bereist, genauer gesagt, die Insel Euböa. Ich habe viele Schildkröten gesucht, einige gefunden und über wenige etwas geschrieben.

Daher folgen die Kapitel nur locker einer Chronologie. Es lässt sich eben nicht alles der Reihe nach erzählen. Daher die Zeitsprünge, die Sie hoffentlich nicht verwirren. Falls doch, bitte ich, das zu verzeihen. Das lag nicht in meiner Absicht.

Foto: Eva Prauser

Nun wünsche ich Ihnen viel Spaß beim Lesen.

Ihr

Lutz Prauser

1

DER WINTER MACHT MICH NÄRRISCH

Februar 2018

Geht es Ihnen auch so?
Macht Sie der Winter auch närrisch?

Jedes Jahr ist es das gleiche Spiel: Kaum haben sich Herta, Berta, Jekyll, Hyde, Luise und Sisi zur Winterstarre zurückgezogen, vermisse ich sie. Nicht, dass mich das überraschend trifft, ich konnte mich darauf vorbereiten, so wie die Schildkröten das auch gemacht haben. Lange waren sie nicht mehr in der Freianlage zu sehen. Dann, an warmen Tagen im Goldenen Oktobern, spazierten sie wieder durchs Gehege, sonst hockten sie nur noch in den Frühbeeten unter Lampe und Wärmestrahler.

Aber irgendwann kommt der Moment, da weiß ich: Jetzt graben sie sich morgens nicht mehr aus. Jetzt bereiten sie sich in der kälter werdenden Erde auf die Starre vor, ein paar Tage noch, dann kann ich in den Wald gehen, Laub holen und es in die Überwinterungsgruben füllen. Die Erde ist bedeckt, die Deckel sind zu. Ich muss mich wieder daran gewöhnen, dass die Tiere für ein paar

Monate verschwunden sind. Es fällt mir schwer.

Da wäre zum Beispiel der reflexartig suchende Blick morgens, wenn ich aus der Haustür komme und auf dem Weg zur Garage am Gehege entlang gehe: Ich schaue durch das meist etwas beschlagene oder nicht ganz saubere Plexiglas des Frühbeets: Sitzt eine Schildkröte unter der Lampe und wärmt sich auf?

Oder sind sogar welche draußen im Freien unterwegs?

Selbstverständlich ist das nicht so – ich schaue trotzdem. Ich bin es so gewohnt.

Den ganzen Sommer über galt einer meiner ersten Blicke morgens meinen Schildkröten. Das meine ich wörtlich: Vom Schlafzimmerfenster aus kann ich direkt auf die Gehege herunterschauen und an besonders heißen Tagen kam es gelegentlich vor, dass die eine oder andere Schildkröte sogar vor mir aufgestanden und aus ihrem Haus gekrochen war. Vom Schlafzimmer aus sah ich sie in der Morgensonne an der wärmenden Mauer sitzen – soweit ich ohne Brille und mit einer gehörigen Portion Restschlaf in den minimal geöffneten Augen das verschwommene schwarzgelbe Etwas unten im Garten als das interpretiere, was es ist: eine Frühaufsteher-Schildkröte. Meist war es Sisi, die als erste den Weg nach draußen wagte.

„Hallo? Es ist gerade acht Uhr? Was macht ihr Irren hier draußen?"

Ich denke mir meinen Teil, auszusprechen erspare ich mir das. Zum einen würde mich Sisi unten im Gehege sowieso nicht registrieren. Zum anderen würde sie nicht verstehen, was ich von ihr will – nicht, dass es sie überhaupt interessiert. Sie würde mich geflissentlich ignorieren, wie es die ganze Bande meistens tut.

Und noch etwas spricht eindeutig dagegen: Ich könnte mit einem Ruf aus dem Schlafzimmerfenster Aufmerksamkeit provozieren, und zwar beim Nachbarn, der gerade auf dem Weg vor zum Briefkasten ist, um die Tageszeitung ins Haus zu holen. Das will ich uns beiden ersparen.

Denn was die Schildröten und er in einer solchen Situation im Perspektivenwechsel zu sehen bekämen … darüber schweigt der Chronist an dieser Stelle geflissentlich.

Komme ich von der Arbeit heim ist es das gleiche. Jeder Weg durch den Garten führt mich zwangsläufig an meinen Anlagen vorbei. Immer wandert der Blick einmal durch die Gehege. Sind es im Sommer nicht die Tiere, dann grinst mich zumindest die eine oder andere Arbeit an, die ich schnell erledigen könnte. Ich entdecke etwas, was ich reparieren oder verbessern könnte, ich sehe, ob und wie viel vom Futter gefressen wurde, finde Pflanzen, die gegossen oder geschnitten werden müssten – irgendwas ist halt immer. An freien Tagen und am Wochenende verbringe ich viel Zeit damit, die Tiere von einer Bank aus, die neben der Haustür steht, zu beobachten – wenn ich nicht selbst mitten im Gehege hocke und herumwerkle.

Aber dann kommt dieser eine Tag, an dem sich die letzte Schildkröte ins Schlafhaus, das gleichzeitig die Überwinterungsgrube ist, zurückgezogen hat.

Einmal noch kontrolliere ich sie, dann schalte ich den Strom im Frühbeet aus – für ein paar Monate kein Licht und kein Wärmestrahler mehr. Der Stromzähler verlangsamt sich schlagartig. Ich verrammele den Frühbeetausgang, um sicherzustellen, dass sich keine ungebetenen Gäste dort hinein begeben, aber auch, um zu verhindern, dass während einer Schönwetterperiode mit Föhn nicht plötzlich im Dezember wieder eine Schildkröte „auf der Matte" steht, unbemerkt ihren Weg ins Freie sucht, sich dort eingräbt und überwintert. So etwas ist nämlich fast schon einmal vorgekommen. Bei strengem Nachtfrost, wie wir ihn bisweilen im Alpenvorland haben können, wäre das alles andere als wünschenswert.

Der Winter kann kommen. Und meist kommt er mit Schnee, viel Matsch und Regen, es wird nicht richtig Tag.

Immer noch fällt mein Blick morgens als Erstes durch das Fenster, aber jetzt hinaus ins Dämmrige. Es regnet mal wieder, aber wenigstens hat es nicht geschneit. Mehr ist nicht zu sehen. Später, wenn ich das Haus verlasse, schweift mein Blick durch

den Regen hindurch über welkes Laub, vertrocknete Gräser, über Kiefern und dunklen Lehmboden. Von den Schildkröten ist nichts mehr zu sehen.

Jetzt fängt die Zeit des Wartens auf ihre Rückkehr an - nicht nur bei mir. Ich weiß, dass es den meisten Haltern Europäischer Landschildkröten ähnlich geht. Einige von ihnen überbrücken die schildkrötenlose Zeit damit, dass sie alles, was nur im Entferntesten mit Schildkröten zu tun hat, daheim sammeln: Briefmarken, Postkarten, Plüschtiere, Reklameschilder, Schlüsselanhänger, Steinfigürchen und so weiter. Andere wiederum stürzen sich voller Eifer auf Schildkrötenliteratur, durchforsten täglich das Internet nach neuen Informationen und Texten. Sie verschlingen nahezu jedes neue Buch über diese Reptilien. Hoffentlich auch dieses. Nach dem sommerlichen „Praxissemester" folgt gewissermaßen die winterliche „Theorieeinheit".

Andere haben sich Arten angeschafft, die den Winter über aktiv sind: Zackenerdschildkröten, Spaltenschildkröten, Tunesische Landschildkröten und viele mehr. Bekannte haben eine Doppelgarage zu einem beeindruckenden Spornschildkrötenhaus umgebaut, andere haben im Keller ein riesiges Innengehege für diese wunderbaren Tiere errichtet. Wieder andere sitzen im beheizten Wintergarten und freuen sich über ihre Ägyptischen Landschildkröten.

Ich habe so etwas nicht: Weil wir keinen Wintergarten haben und in einem ehemaligen Moorgebiet leben, in denen die alten Häuser alle keine Keller haben. Weil in der Garage zwei Autos stehen und mir vermutlich meine Frau was husten würde, wenn ich mit solchen Plänen daher käme – sie hätte allen Grund dazu.

Wenigstens habe ich Terrarien, in denen ich tropische Amphibien halte, mehrere diverse Pfeilgiftfroscharten, um genauer zu sein. Der Vorteil: Sie sind wunderbar klein, haben keinen übermäßigen Platzbedarf und viele Arten sind relativ einfach zu halten.

Die Tiere stammen ursprünglich aus der Äquatorregion Mittelamerikas. Dort sind die Tage und Nächte das ganze Jahr über etwa gleich lang, die Temperaturen und die Luftfeuchtigkeit ändern sich im Jahresverlauf nicht gravierend. Eine Winterzeit fällt also aus.

Kaum sind die Schildkröten in der Erde kann ich anfangen, meine geballte Schaffenskraft auf die Terrarien umzulenken, sie nacheinander zu reinigen, die Pflanzen zurückzuschneiden und was sonst alles ansteht. Das ist genug Beschäftigung.

Gelegentlich spiele ich im Winter eine ganz spezielle Form Mikado mit meinen Fröschen. Ich gebe Futtertiere in das Becken, setze mich davor und beobachte, was passiert. Es gilt dabei die bekannte Mikadoregel: Wenn sich was bewegt, dann hat derjenige verloren. Bewegt sich zum Beispiel das Futtertier als erstes, dann erkennt es der auf der Lauer liegende Frosch und frisst es. Pech für die Fliege, sie hat verloren. Bewegt sich aber der Frosch zuerst, dann kann es gut sein, dass das Futtertier das Weite sucht und der Frosch verliert – nämlich seine Beute. Wenn ich mich aber zuerst bewege, erschrickt vielleicht der Frosch und hüpft in Deckung. Dann bin ich der Dumme, der nichts mehr zu beobachten hat.

So kann man den einen oder anderen Nachmittag vor seinen Terrarien verbringen. Das ist eine Art Beschäftigung die für Schildkrötenhalter, vor allem bei Europäischen

Landschildkröten, möglicherweise befremdlich anmutet. Zumindest kann ich mit Griechischen Landschildkröten kein Fütterungsmikado spielen. Weder rennt das Futter weg, wenn Luise sich mit aufgerissenem Maul nähert, noch erschrickt das Tier, wenn ich es dabei beobachte oder gar fotografiere.

Es fällt mir im Verlauf des Winters immer leichter, gar nicht erst nach den Schildkröten im Gehege zu suchen, weil ich mittlerweile begriffen habe, dass keine mehr über der Erde ist. Ich erwische mich immer seltener, Ausschau zu halten.

Moment.

Hat es da nicht gerade im Laub unter der Weigelie geraschelt? Wackeln dort nicht die Zweige des Lavendels?

Was im Sommer ein untrügliches Zeichen ist, dass sich eine der Schildkröten unter einen Strauch zurückgezogen hat, entpuppt sich im Winter „nur“ als Amselmännchen auf Futtersuche. Wie enttäuschend. Andererseits: Wie irritiert wäre ich wohl, wenn sich tatsächlich eine Schildkröte im Gehege bewegen würde, da ich der Meinung bin, dass ich sie ein- und gleichzeitig ausbruchsicher verwahrt habe. Aber bekanntlich ist meinen *Mistviechern* nichts unmöglich – zumindest habe ich gelegentlich den Eindruck.

Wenn ich im Februar denke, dass der gröbste Winter und die kältesten

Schneetage vorbei sind, warte ich voller Ungeduld, bis ich das erste Rascheln im Laub in der Überwinterungsgrube höre. Aber ich zwinge mich, mich nicht zu früh zu freuen. Selbst wenn es an schönen Tagen warm sein kann, ist es durchaus möglich, dass drei Wochen später über Nacht ein halber Meter Schnee fällt. So etwas gab es schon häufig. Im Februar saßen wir ohne Jacke in der Sonne auf der Terrasse, im März fielen über Nacht 60 Zentimeter Neuschnee. Aber manchmal hat man, nachdem es im Januar bei Fönwetter bereits +15 °C warm war, plötzlich wieder eiskalte Nachttemperaturen von -16 °C auf dem Thermometer.

Wie töricht wäre es, die Tiere im Februar aus ihrer Grube herauszuholen, damit sie in den kommenden Tagen wieder aktiv werden, aber eigentlich nur, weil ich es selbst nicht mehr abwarten kann. Der Winter kann ganz schön hinterhältig sein.

Verstohlen schaue ich mich im Garten um. Wächst schon was? Die Schneeglöckchen blühen, die Krokusse werden die nächsten sein. Sind schon irgendwelche Futterpflanzen zu sehen? Nein. Es ist noch zu früh. Ein paar Wochen später brechen die ersten Blätter der Veilchen und Primeln im Garten hervor, es wird Frühling. Mohn und Akelei sprießen, Löwenzahn und Klee sind plötzlich wieder auf der Wiese. Die ersten Bienen fliegen. Jetzt wäre es an der Zeit. Meine Ungeduld wächst von Tag zu Tag. Die Vögel zwitschern, aber von den Schildkröten ist noch nichts zu hören oder zu sehen – kein Tier im Frühbeet, nicht das leiseste Rascheln im Laub der Überwinterungsgrube. Da kann ich die Ohren noch so spitzen.

Also warte ich … und warte … und warte.

An einem Wochenende erzählt meine Frau, dass sie es in der Grube im Laub hat rascheln hören, ich solle doch mal nachschauen.

Sie hat recht. Endlich ist es soweit, die Durchgänge zu öffnen. Schnell noch pflanze ich dort ein paar neue kleine Büsche ins Frühbeet, wieder haben es die alten nicht überlebt. Wie immer vergesse ich, dass die Pflanzen im Frühbeet den Winter über gegossen werden wollen. Ein grau-braunes, blattloses Ast-Gerippe – das ist alles, was vom einstmals blühenden Lavendel übrig geblieben ist.

Licht- und Heizstrahler werden wieder unter Strom gesetzt. Die Scheiben werden gereinigt, ich bin überrascht, wie gut man plötzlich wieder durch sie hindurch sehen kann. Die Laubschicht in den Überwinterungsgruben wird zur Hälfte abgetragen. An Sonnentagen lasse ich die Deckel geöffnet, die Sonne scheint nun direkt auf das Laub unter denen sich die Tiere befinden. Jetzt muss ich nur noch darauf warten, bis ich die ersten Schildkröten im Frühbeet sehe.

Meine Unruhe ist riesig: „Beeilt euch … bitte! Ihr habt euch genug Zeit gelassen. Mehr als genug! Längst haben andere Halter Bilder ihrer zurückgekehrten Tiere ins Netz gestellt, nur ihr trödelt wieder rum. *Mistvi …*“

Nein. Ich verkneife mir jegliche Beschimpfung.

In anderen Jahren dauert es mir zu lange, dass etwas passiert. Wenn ich relativ sicher sein kann, dass der Winter endgültig vorbei ist, staple ich die Eimer neben der Überwinterungsgrube, entferne das Laub, grabe nach meinen Tieren und finde sie in mehr als einem halben Meter Tiefe, in der sie möglicherweise erst im Mai mitbekommen hätten, dass der Frühling da ist. Also hole ich sie ein wenig weiter nach oben, setze die dreckverkrusteten eiskalten, starrenden Tiere auf die Erde und decke sie wieder dem trockenen Laub zu. Das letzte Stück werden sie schließlich alleine machen müssen – hervorgelockt durch die warme Frühlingssonne.

Und das tun sie auch. Endlich sind sie wieder da: meine *Goldstücke.*

2

PROJEKT »GEMÜSEBEET«

TEIL 1: ALLES BEGINNT MIT EINEM LOCH

Februar/März 2017

Die Arbeit an den Gehegen hört nie auf. Und damit sind nicht nur die gärtnerischen Eingriffe an der bestehenden Bepflanzung gemeint. Neben dem Pflanzen und Säen, dem Rückschnitt, dem Ausmisten verrottender Pflanzenteile, dem Gräserzupfen und dem Laubrechen, ist immer wieder Gestalterisches zu erledigen. Weggeschwemmte Erde nach einem Starkregen, Ausbesserung der Einfriedung, eine neue Wasserstelle, neue Wurzeln und Äste, neue Steine ... was auch immer.

Und wenn man denkt: „Fertig! So passt das jetzt", dann kann man gleich wieder von vorne anfangen. Oder, wie in meinem Fall, sich munter an die Anlage eines weiteren Geheges machen. Schon geht das wunderbare Spiel ums Bauen und Gestalten von Schildkrötengehegen wieder von vorne los.

Die Arbeit an einem neuen Gehege startete ich im Frühjahr 2017, während ich die ersten Kapitel für dieses Buch schrieb. Die Projekte „*Goldstücke*" und „Gemüsebeet" entwickelten sich parallel, mal wurde mit dem Kopf, mal mit den Händen gearbeitet. Ich hämmerte in die Tasten des Laptops und kurz danach die Zaunpflöcke in die Erde. Stundenlang modellierte ich erst Sätze, dann Sonnen- und Versteckplätze. Ich freute mich, wie das Eine wie das Andere an Form gewann, dann wieder musste ich groben Pfusch beim Satz- und beim Gehegebau beseitigen, schließlich beides feinjustieren. Vom Projekt „Gemüsebeet" kann ich viel erzählen, vom Projekt „*Goldstücke*" eher weniger. Was will man schon übers Schreiben schreiben?

Vor Jahren boten uns unsere Nachbarn Anneliese und Hans an, ein Beet in ihrem Gemüsegarten zu übernehmen. Sie hatten es uns zur

Verfügung gestellt, als sie selbst keine Lust mehr auf die viele Arbeit hatten. Vom ersten Moment an hatte ich im Hinterkopf, dass ich dieses Stück Garten in das bestehende Schildkrötengehege integrieren könnte, was sich aber als ein Ding der Unmöglichkeit herausstellte: Nicht nur, dass eine Grundstücksmauer Garten und Gehege trennt, das Gemüsebeet liegt auch fast einen Meter tiefer. Ich dachte an einen Durchschlupf in der Mauer und eine Rampe auf der Beetseite. Was für ein Unfug. Auf die naheliegende Idee, ein weiteres noch dazu fast ganztägig sonnenbeschienenes Schildkrötengehege zu bauen, kam ich gar nicht.

Voller Enthusiasmus starteten wir mit Obst-, Gemüse- und Salatanbau, wobei ich gestehen muss, dass damit die meiste Arbeit meine Frau hatte. Bald aber war das Ganze von spürbar steigenden Frustrationen begleitet. In einem Sommer faulten die Tomaten, dann wollten die Himbeersträucher keine Früchte ansetzen, regelmäßig fraßen die Schnecken den Salat zusammen oder die Wühlmäuse holten sich die Karotten. Nur das Unkraut wucherte und gedieh prächtig, diverse Küchenkräuter explodierten regelrecht: Der Liebstöckel zum Beispiel wuchs derart, dass wir ihm kaum mehr Herr wurden. Was soll man mit solchen Massen, wenn man nur ein paar Blättchen davon braucht?

Lediglich der Rhabarber machte, was er sollte: In Maßen wachsen, gerade so viel, dass wir ihn verarbeiten konnten und doch nicht so wenig, dass sich die Ernte nicht gelohnt hätte.

Irgendwann war es dann so weit. Nach mehreren Jahren entschied meine Frau im Herbst 2016: „Es reicht! Für eine Handvoll Erbsen und Himbeeren lohnt der ganze Aufwand nicht. Ich denke, wir sollten den Garten zurückgeben.“

Voller Weitsicht kam ich erst gar nicht mit einem Einwand daher. Im Gegenteil, es war eher der Moment, auf den ich lange gewartet hatte. Jetzt schlug meine Stunde.

Da bekanntlich jeder Fleck Garten von mir immer auf Gehegebautauglichkeit hin beurteilt wird, hatte ich längst das Gemüsebeet ins Auge gefasst. Die alte Idee aus meinem Hinterkopf wurde wieder hervorgekramt. Nur, dass ich mittlerweile nicht mehr an eine Gehegeerweiterung dachte, sondern an eine komplette Neuanlage mit allem Pipapo. Das passte mir optimal in den Kram. Ich könnte die bestehende Gruppe teilen, die beiden rivalisierenden Brüder trennen und die Weibchen von der Auf- und Zudringlichkeit zumindest von einem der beiden befreien.

Das erste Gehege war ohnehin zu klein, als dass es noch lange hätte so weitergehen können. Beim besten Willen konnte ich es maximal noch um ein oder zwei Quadratmeter erweitern, was der zunehmend problematischer werdenden Gruppenzusammensetzung nichts gebracht hätte.

Mein erstes Gehege ist ohnehin in den Jahren seines Bestehens kontinuierlich gewachsen und hat sich sukzessive immer weitere Stücke des Gartens erobert. Wurde ich von Freunden gefragt, ob das Gehege schon wieder größer geworden ist, konnte ich das ehrlich bejahen.

Selbstverständlich geschieht so etwas nicht über Nacht und schon gar nicht ohne Absprache mit der Familie. Bei Thorsten Geier, Schildkrötenhalter, Autor, Verleger und ein guter Freund, war das ganz anders. Er erzählt, dass er gelegentlich von Verwandten gefragt wird, ob seine Gehege über Nacht größer geworden sind – allerdings, ohne dass er es gerade umgebaut hat. So, als würden die Umrandungen sich nachts eigenmächtig verschieben und den „Restgarten“ immer weiter zusammenschrumpfen lassen.

Das finde ich genial: Allein der Eindruck, dass ein Gehege größer aussieht, als es ist, zeugt von einer sinnvollen Struktur und Bepflanzung der Anlage. Genau das ist auch immer mein Ziel.

Als die Pläne konkreter werden, spiele ich kurzzeitig mit dem Gedanken, meinen Bestand zu vergrößern, noch ein oder zwei weitere Tiere zu übernehmen und das neue Gehege zunächst als Quarantänestation zu nutzen; eine Idee, die ich schnell wieder verwerfe. So groß ist das Gemüsebeet auch wieder nicht, dass ich hier guten Gewissens fünf Tiere unterbringen kann.

Ein letzter, kurzer Kontrollblick über die Mauer: Es bleibt dabei. Die Gelegenheit ist perfekt. Die örtlichen Gegebenheiten sind es auch. Mit der Mauer, die das Beet von unserem Garten trennt, ist die erste Seite der Einzäunung erledigt. An den drei anderen Seiten ist das Beet von einer Betonkante eingefasst, wie das in Gemüsegärten auf

Bauernhöfen üblich ist – optimal also, um direkt darauf einen Zaun zu setzen. Stromleitungen durch die Mauer zu verlegen sollte keine größere Herausforderung sein. Was will ich mehr?

„Zurückgeben sollten wir es nicht“, entgegne ich, als ich das Thema erneut anspreche. „Aber ich könnte daraus ein Schildkrötengehege machen. Ich frag mal die Nachbarn, ob sie einverstanden sind. Ohne sie als Grundstückseigentümer zu fragen, können wir das ja schlecht bauen. Ich glaube aber nicht, dass sie was dagegen haben. Sie mögen die Tiere sehr gern.“

Das Gespräch vertage ich aufs Frühjahr, aber den ganzen Winter über mache ich mir Gedanken, wie das neue Gehege aussehen könnte. Ich fertige Skizzen an, suche in meinem alten Notizbuch nach Zeichnungen, wie ich damals das erste Frühbeet geplant habe und bin überrascht, dass ich die tatsächlich finde.

Viele Fragen kommen auf:

Wo kommt als erstes die Sonne hin?

Wo baue ich das Frühbeet auf (und mit wem)?

Wie sichere ich das Gehege?

Welche Pflanzen bleiben drin?

Was muss raus?

Welche Pflanzen werden ausgesät, welche hole ich aus der Gärtnerei?

Und dann die entscheidende Frage: Wer zieht um? Welche Tiere setze ich um?

Anneliese und Hans stimmen der Nutzungsänderung ihres Beetes sofort zu. Mitte März 2017 nehme ich mir eine Woche Urlaub und das Projekt „Gemüsebeet" in Angriff. Die Zeit wird nicht reichen, das weiß ich von Anfang an, so naiv bin ich nicht. Meine geringen handwerklichen Fähigkeiten und schnell schwindende Geduld, wenn es mal schwierig wird, kenne ich auch. Aber in dieser Woche sollen die wichtigsten Arbeiten erledigt werden. Für den Rest plane ich dann die Wochenenden und einige freie Tage ein, Ende April spätestens sollte das Ganze über die Bühne gegangen sein, damit die Gehegebewohner ihr neues Zuhause möglichst die ganze Saison über zur Verfügung haben. Von der Idee, die Tiere noch in der Winterstarre umzuziehen, damit sie aus dieser direkt in das neue Gehege zurückkehren, kann ich mich allerdings gleich verabschieden. Die Zeit zum Bauen wird nie und nimmer reichen.

Jetzt gilt's. Begeistert für das, was erst kommen wird, stehe ich mitten im Beet. Auf einen Spaten gestützt lasse ich den Blick umherwandern. Ja, das Gärtlein ist perfekt geeignet. Es ist sonnenbeschienen, schon im März ist es wunderbar warm. Überall sprießt Unkraut, bestes Schildkrötenfutter, das auf wundersame Weise vor Jahren hier Einzug gehalten hat, aus der Erde. Viel davon wird die Bauphase leider wohl nicht überstehen.

Apropos Bauphase. Ich müsste nur langsam anfangen mit der Arbeit.

Fange ich mit der Grube für Frühbeet und Schlafhaus an?

Gleich mit der Schwerstarbeit beginnen und Löcher graben?

Nee – lieber nicht.

Lieber erst mal zwei der drei Zaunseiten. Das ist nicht ganz so anstrengend. Man muss es ja nicht gleich am Anfang übertreiben.

Ich weiß auch schon, wie ich beginne: Ich werde wie im alten Gehege Terrassendielen übereinander zu einem Zaun verarbeiten, der dann unten auf der Betonkante aufsitzen wird. Das ist schnell gemacht. Ein Tag – fertig. Ich weiß gar nicht, warum ich mir eine ganze Woche Urlaub genommen habe. Was soll ich die übrigen Tage tun?

Was für eine blöde Frage. Die anstrengende Arbeit kommt erst noch. Frühbeet und Schlafhaus werden viel Arbeit machen, aber das ist ja nicht alles: Ich muss die Stromleitung verlegen, eine Wasserstelle fehlt, ein Legehügel muss her. Pflanzen, Steine, und Wurzelstücke braucht es auch noch.

Vielleicht sollte ich endlich loslegen?

Nö. Ich denke gar nicht daran.

Die nächsten Urlaubstage verbringe ich hauptsächlich damit, aus dem Fenster auf den Regen zu starren, denn das Wetter hat schlagartig gewechselt. So hatte ich das nicht geplant. Aber so wird es weiter gehen, eine Kette aus Kalamitäten nimmt ihren Anfang.

Als es schließlich aufhört zu regnen und die Temperaturen wieder ansteigen, lege ich los. Es hilft nichts, jetzt kommt der mühsamste Teil.

Alles beginnt wieder mit einem Loch.

So ist es immer: Ich grabe eine quadratische Grube: Einen Meter zwanzig breit und lang und etwa 70 Zentimeter tief. Die Stelle ist gut gewählt. Hier kommt morgens als erstes die Sonne hin, falls sie überhaupt scheint. Hier wird in Bälde ein neues Frühbeet stehen.

Oder auch nicht; zumindest nicht in Bälde. Denn das Frühbeet ist noch nicht vor Ort – ich habe es nämlich noch gar nicht bestellt.

Zum Ende der Urlaubswoche ist es wieder richtig warm. Noch immer grabe ich stundenlang im Gemüsebeet herum und schaufle Erde beiseite. Bestimmt halten mich nicht nur Nachbars Katzen, die meine Arbeiten aufmerksam beobachten, für bescheuert.

Was gräbt der da mitten in der Mittagssonne?

Was misst der dauernd mit dem Zollstock, wie tief das Loch ist?

Was wuchtet der Schaufel um Schaufel Erde und Lehm aus dem Boden und flucht unaufhörlich vor sich hin?

Spinner.

Das stimmt: Ich halte mich selbst für einen Spinner. Wieder einmal.

Die Arbeit geht nur mühsam voran. Die Erde ist hart und schwer. Keine 20 Zentimeter unter dem Mutterboden befindet sich eine feste, harte Lehmschicht. Bei gefühlt nahezu jedem zweiten Spatenstich wird der Schwung, mit dem ich das Werkzeug in den Lehm ramme, durch einen größeren Kieselstein abrupt gebremst. Brauch ich sowas? Nein. Verflixt und zugenäht.

Insgesamt wollen für das Frühbeet und für die daneben liegende Schlafhausgrube rund 1.500 Liter Erde bewegt werden, rund 1,2 Tonnen, weit

mehr als das Zehnfache meines eigenen Gewichts. Wenn ich auf vielen Seiten im Internet lese, dass Ameisen angeblich mehr als das Hundertfache ihres eigenen Gewichts mühelos durch die Gegend schleppen, werde ich kurz neidisch. Aber selbst, wenn es nur das Dreißigfache des Eigengewichts ist, was die Sechsbeiner an Lasten zu tragen fähig sind, dann wäre die Grube in Windeseile ausgehoben. Aber ich bin keine Ameise. Mit den 1,2 Tonnen werde ich länger „Freude" haben.

Ich muss vollkommen verrückt geworden sein.

Im Fluchen beweise ich mich wieder einmal als Weltmeister; im Pause machen allerdings auch.

Die Katzen verziehen sich, es ist ihnen offenbar zu peinlich oder zu unruhig geworden. Was weiß ich denn?

Ein wenig bedauere ich, dass ich das Frühbeet genau an die Stelle setzen werde, an der unfassbar viel Löwenzahn steht. Anfangs versuche ich noch, die Pflanzen umzusiedeln, ich steche sie aus und grabe sie ein Stück weiter ein. Was für ein Blödsinn, denn natürlich landet der Erdaushub genau dort, wo ich die zarten Jungpflanzen gerade erst wieder eingepflanzt hatte. Es ist zu viel Erde, die ich bewege. Einen Teil der Pflanzen setze ich in das alte Gehege um, aber auch das wird mir irgendwann zu blöde. Der kommt schon wieder, beruhige ich mich. Und wenn nicht, dann nicht. Löwenzahn verbreitet sich sowieso wieder neu. Säe ich halt neuen aus, aber jetzt erst mal eine kleine Pause.

Toni, ein weiterer Nachbar, Werkstatt- und Tankstelleneigentümer, der auf einen Kaffee vorbeischaut, hält mich zum Glück von der Arbeit ab. Daher ist er hoch willkommen. Er fragt, was ich da treibe und hört sich grinsend mein lautes Klagen an.

„Woast", meint er im tiefsten Bayerisch, „A Depp bist scho und zwar a gscheider."

Ich bedanke mich artig für das Kompliment. Wer wollte nicht gern als Depp bezeichnet werden? Das tut richtig gut, obwohl er recht hat.

„Hättst de Straßler hoid a moi gfrogt", kommentiert er. „Für a Tragl Bier und a gscheide Brotzeit hättns da des bestimmt mim Bagger gmacht."

Spricht's und lässt mich weiterarbeiten, schließlich hat er in der Werkstatt alle Hände voll zu tun: „Reifnwechsln stähd o, jetz foid erna alle ei, dass d Sommerreifn brauchan. Und freille kummans immer alle gleichzeitig."

Weg ist er, Sommerreifen auf die Autos seiner Kunden zu montieren und ich steh grübelnd da.

An sich ist das gar keine schlechte Idee, die er da hatte: Überall im Dorf werden Gasleitungen verlegt und die Straßen aufgerissen. Ich habe einen solchen Bautrupp nebst Mini-Bagger fast direkt vor der Haustür. So ein Bagger hätte vermutlich mit zwei drei Schaufelgriffen innerhalb weniger Minuten die Gruben für Frühbeet und Schlafhaus ausgehoben, mit einer Brotzeit und einer Kiste Bier hätte ich vermutlich den Bautrupp bestechen können. Stattdessen mühe ich mich Stunde um Stunde ab.

Andererseits hätte ich dann mindestens genauso lange nacharbeiten müssen, die Erde glatt zu ziehen und Nachbars Einfahrt wieder sauber zu fegen, wenn der Bagger wieder fort ist. Nein, nein, die Idee ist doch nicht so gut. Außerdem bin ich sowieso schon halb fertig. Also schaufle ich weiter, schwitze, fluche, setze mich irgendwann vollkommen zufrieden mit mir auf die Kante der Grube und denke: „Geschafft, etwa Dreiviertel. Für heute reicht's. Morgen ist auch noch ein Tag, ich will schließlich nicht wie ein Stein ins Bett fallen und mich am nächsten Tag kaum mehr rühren können."

Ausreden, um lästige, anstrengende Arbeiten vor mir her zu schieben, habe ich genug: „Rom ist schließlich auch nicht an einem Tag erbaut worden", entschuldige ich mich bei mir selbst, dass ich nach nur eineinhalb Stunden Graben die Nase voll habe, Spaten, Schaufel und Hacke beiseite räume.

Feierabend!

„Außerdem bin ich keine zwanzig mehr!"

„Rom ist aber ungleich größer als dein Schildkrötengehege", zetert mein Gewissen aus dem Hinterkopf. Es will mich zur Weiterarbeit verpflichten: „Was du heute geschafft hast, ist erledigt. Wer weiß, wie nächste Woche das Wetter wird …"

Da aber kann ich mein Gewissen beruhigen: „Stabil, frühlinghaft, warm. So sagt's der Wetterbericht."

Was heißt: Bis die nächste Regenfront durchzieht, sind die Erdarbei-

ten erledigt. Das Schöne beim Gehegebau ist, dass der anstrengendste und unangenehmste Teil gleich am Anfang kommt: Ein Loch graben. Danach wird es vergleichsweise einfach. Das ist gut fürs Gemüt und die Motivation.

Der Rest ist dann ein Kinderspiel, im Handumdrehen ist alles fertig. So denke ich mir das Was sich natürlich als Irrtum herausstellen wird …

Wird fortgesetzt …

3

SAY CHEESE

Juni 2014

Wer kennt sie nicht, die freundliche Aufforderung der Fotografen, sich ein Lächeln ins Gesicht zu zaubern und in die Kamera zu grinsen, damit am Ende auf den Urlaubs- oder Gruppenfotos nicht alle immer muffig drein schauen?

Schließlich will man die Bilder herzeigen. Egal, ob man den Papierausdruck aus der Geldbörse zieht oder seinem Gegenüber das Smartphone unter die Nase hält und ihn durch die Bilderordner wischen lässt, egal, ob man sich die Fotos gerahmt an die Wand hängt oder in den sozialen Netzwerken verteilt.

Man muss eine gute Figur machen und einen zufriedenen Gesichtsausdruck liefern.

„Say …… cheeeeeese!"

Bei der Fotografie meiner Schildkröten ist das nicht anders. Auch sie sollen eine gute Figur machen, denn ich möchte die Bilder durchaus präsentieren, einige im Internet, andere in Vorträgen und eine Auswahl in diesem Buch. Auch ich will glänzen.

Meine Tiere hingegen müssen das weitaus weniger, jedenfalls nicht im wörtlichen Sinne. Sie dürfen ruhig einen stumpfen, dreckigen oder staubigen Panzer haben, wenn ich ihnen

mit der Kamera im Gehege nachstelle. Das haben sie meistens, es ist vollkommen normal, warum sollte ich auf Fotos etwas anderes zeigen?

Ich käme erst recht nicht auf die Idee, sie mit einer Schwarte oder mit Babyöl abzureiben, damit der Panzer richtig proper funkelt und glänzt wie ein Neuwagen, der gerade aus der Waschstraße nebst Heißwachsen und Politur gefahren kommt. Es gibt indes Schildkrötenhalter, die machen das. Früher waren es wohl mehr, aber selbst heute passiert es gelegentlich, dass man Fotos von fettglänzenden Schildkröten sieht, das haben die Halter nämlich immer so gemacht. Den Tieren hat es, so wird man belehrt, nie geschadet.

Mein Verständnis von naturnaher Haltung sagt da etwas anderes – und wenn ich über diese auf Vorträgen und in sozialen Medien spreche, dann ist es selbstverständlich, dass ich die Tiere exakt so fotografiere, wie ich sie gerade im Gehege vorfinde: Bisweilen eben starrend vor Dreck.

Das trifft vor allem dann zu, wenn sie selbst zuvor starrend aus selbigem wieder ans Tageslicht zurückgekehrt sind. Auf den ersten Fotos jeden Jahres, die versehen mit dem Kommentar „Sie sind wieder da …“ im Internet landen, sehen die Schildkröten vollkommen verschmutzt aus.

Statt *Mistviecher* nenne ich sie in solchen Momenten und in meiner ureigenen, liebevollen Umgangsform Erdferkel. Die Artbezeichnung leihe ich mir von jenen sonderbaren, afrikanischen Säugetiere aus, die mit echten Ferkeln nicht annähernd verwandt sind. Aber das Wort passt halt so schön. Und Schildkröten sind mit Kröten auch nicht verwandt, obwohl sie trotzdem oft so genannt werden.

Ihnen ist es egal, wie ich sie nenne, ihnen ist egal, dass und ob sie überhaupt fotografiert werden, es stört sie nicht weiter, sie verstecken sich nicht gerade in schamhafter Schüchternheit vor dem Objektiv oder springen in eitler Selbstdarsteller-Pose herbei, wenn sie mich mit der Kamera anrücken sehen. Von einem „cheesigen“, schmierkäsigen Grinsen ist erst recht keine Spur zu sehen.

Das ganze Jahr über krieche ich in meinen Gehegen auf allen Vieren den Schildkröten hinterher oder entgegen und versuche, sie auf Höhe ihrer Augen zu fotografieren. Ich biege Äste beiseite, zupfe Halme und Blätter aus, die störend im Bild sind, und warte auf den einen Augenblick, in dem alles passt und der so gut wie nie eintrifft. Dabei verschieße ich dutzendweise Fotos. Nach dem großen Löschen bleibt anschließend kaum etwas davon übrig. Selten genug passiert es, dass ein Foto nicht seinen Weg durch digitale Nachbearbeitung durchschreitet. Dank einschlägiger Programme werden Schlaglichter entfernt, Tiefen aufgehellt, Horizonte begradigt, unliebsame Elemente durch Ausschnittvergrößerung entfernt und Kontraste sowie Farben korrigiert. So gesehen ist es überaus erleichternd, rund 90% der gemachten Fotos gleich wieder zu löschen. Das spart enorm viel Arbeit. Aber das ist ein anderes Thema.

Es gibt nur einen einzigen Tag – und der kommt jedes Jahr mit schöner Regelmäßigkeit wieder – an dem ich großen Wert darauf lege, dass alle Tiere ordentlich aussehen.Dann fotografiere ich sie knallhart von oben. Aus der Senkrechten.

Das ist der Tag, an dem ich die Bilder für die jährliche Fotodokumentation mache. Jedes Mal zögere ich das bis zum Mittsommer hinaus. Ich weiß, dass das idiotisch ist, je kühler das Wetter ist, umso inaktiver sind die Tiere.Je inaktiver sie sind, umso schneller ist die ganze Prozedur vorbei.

Aber mir ist das lästig. Und was lästig ist, bleibt liegen. So lange, bis es nicht mehr geht. Ich bin der geborene Prokrastinations-Künstler, also jemand, der ein besonderes Talent (andere nennen es eine Störung) entwickelt hat, lästige Arbeiten immer wieder unter vorgeschobenen Gründen zu vertagen.

Dabei wäre das Ganze schnell erledigt, wäre da nicht die digitale Nachbereitung, die bisweilen mehr Zeit in Anspruch nimmt als die Fotografie selbst. Weil ich auch bei der Fotodokumentation die Tiere nicht anblitze, müssen regelmäßig Helligkeits- und Kontrast-Korrekturen an den Bildern gemacht werden. Die Fotos entstehen meistens im kühlen Schatten in den Morgenstunden, aber eben nur meistens. Da ergibt sich oft, dass Tiefen aufgehellt, Lichter abgedunkelt, Kontraste intensiviert und Farben nachkorrigiert werden müssen. Sonst sieht man auf dem Foto nur einen schwarz-braunen Fleck vor grau-schwarzem Karo.

Genau diese Arbeit aber geht mir am allermeisten auf die Nerven. Neben der Korrektur der Bilder stemple ich jedes Foto mit einem Text, der die EU-Bescheinigungsnummer, den Halternamen nebst Adresse, den Namen des Tieres und das Aufnahmedatum enthält. Anders kann ich die ausgedruckten Fotos später nur schwer zuordnen und richtig ablegen. Zwar kann ich die Tiere aufgrund ihrer Panzerzeichnung auseinanderhalten, aber ohne die eingestempelte Jahreszahl könnte es sonst bei der Ablage schnell durcheinandergehen. Es herrscht das absolute Datenchaos, digital sowie auf Papier.

Normalerweise hole ich eine Schildkröte nach der anderen aus dem Gehege und fotografiere sie vorschriftsmäßig von oben und unten auf Karopapier-Untergrund. Dabei habe ich es immer wieder erlebt, dass die Schildkröten genauso wenig angetan sind von der Aktion wie ich. Bisweilen strafen sie mich für die Störung ihrer Morgenruhe, indem sie, kaum dass sie auf dem Karopapier sitzen, einen ordentlichen Haufen Kot oder zumindest Urin und Urat absetzen. Das macht nicht nur eine, das machen mehrere.

Unverrichteter Dinge musste ich sie dann wieder ins Gehege zurücksetzen und die Fotokopie des Karopapiers mitsamt der tierischen Hinterlassenschaft in den Müll-eimer schmeißen. Daraus habe ich gelernt und ein Blatt Karopapier laminiert, so kann ich es wunderbar abwischen.

„Tja, Mistviech, netter Versuch, Pech gehabt. Jetzt kannst du mir aufs Papier kacken, so viel wie du willst. Ich bin vorbereitet. Ein Wisch mit einem Blatt Küchenpapier – weiter geht's mit den Fotos. So einfach kommst du nicht aus der Nummer heraus."

Ich fand das clever, es hat sich bewährt. Ich muss nur darauf achten, dass die Sonne nicht auf den laminierten Bogen scheint, sonst gibt es Lichtreflexionen. Das würde die ganze Arbeit zunichtemachen.

„Say cheeeeeese! Gleich kommt das Vögelchen."

Die Praxis sieht freilich anders aus: Wie jedes Jahr finde ich dieses in Plastik geschweißte Karopapier nicht. Alles könnte so einfach sein. Es muss da sein, wo ich auch die anderen Unterlagen zu den Schildkröten habe. Aber da ist es nicht. Wenn ich nur wüsste, wo ich dieses verdammte Blatt hingetan habe.

Vermutlich ist es dort, wo sich die einzelnen Socken beim Waschen verstecken, die passenden Schraubdeckel zu den Marmeladengläsern, der Schlüssel zum Fahrradschloss und der einzige Inbus, der genau die Schrauben bewegt, die nicht die bewährte Ikea-Normgröße haben: Irgendwo im Nirgendwo.

Also suche ich im Regal nach der Broschüre von Carolin Bender über Fotodokumentationen. Da ist ein Karoblatt auf der Rückseite aufgedruckt. Wenigstens die Broschüre finde ich auf Anhieb. Na bitte. Geht doch!

Und dann ist da noch irgendwo dieser dicke Kunststoffring aus der Sanitärabteilung vom Baumarkt, der perfekt geeignet ist für die Plastron-Fotos. Genau dafür habe ich ihn extra gekauft. Ich kann die Schildkröte rücklinks auf diesen Ring legen, ohne dass sie umkippt, den Ring sieht man trotzdem auf den Fotos nicht. Da dieser sich aber zusammen mit dem Karoblatt verflüchtigt hat – vermutlich vergangenes Jahr nach der Bilderorgie – muss ich einen Blumenuntersetzer, den Schraubdeckel von der Schokocreme und alles Mögliche testen, bis ich endlich Ersatz gefunden habe und die Schildkröten so hingelegt bekomme, dass es passt, nichts wackelt und kein Tier umkippt.

Es wird ernst. Tier nach Tier wandert aus dem Gehege, bzw. wird gehoben und vor die Kamera gesetzt. Erst der Bauchpanzer, dann der Rücken.

Ausnahmslos alle Tiere sind sehr agil, sie denken gar nicht daran, auf dem Karopapier still zu sitzen. Umgehend marschieren sie los.

Und das heißt: Foto – Foto – Tier neu positionieren – Foto – Foto – Tier neu positionieren – Foto – Foto – usw.

Unter zehn Bildern pro Schildkröte tue ich es nicht. Aus gutem Grund. Mal ist eines unscharf, mal ist das Tier zu weit gedreht. Oder es ist zu schnell davon gestapft. So habe ich wenigstens Auswahl und muss mit dem ganzen Mist nicht noch mal von vorne beginnen, wenn ich meine Ausbeute am Bildschirm kontrolliere.

Keine einzige Schildkröte sitzt still. Da soll man nicht mit der Zeit grantig werden.

Wenn ich nicht helfende Hände hätte, ich käme vielleicht irgendwann auf die irrwitzige Idee, sie mit zweiseitigem Klebeband für das Bild auf dem Karountergrund zu fixieren.

„Say cheese!", ranze ich Hyde an, „Und sitz gefälligst ruhig!"

Tut er aber nicht. Es ist ein Kreuz.

Wenn ich jetzt das Glück habe und das letzte, fehlende Tier einigermaßen schnell finde, ist alles weitere eine Kinderspiel.Mitunter aber kommt alles ganz anders:

Den Sonntag, den ich mir dieses Jahr für die Fotosession ausgesucht habe, beginne ich mit guten Vorsätzen und schlechter Laune. Doch das Ganze beginnt mit einer Totalverweigerung meiner Kamera, von Anfang an ist die Stimmung im Keller.

Denn so gewissenhaft ich täglich den Akku bei meinem Handy auflade und meine kleine Unterwasserkamera im Sommer immer unter Strom steht, so schlampig handhabe ich das mit der Spiegelreflexkamera. Oft ist sie nicht in Betrieb und der Akku entlädt sich mit der Zeit heimlich im Schrank. Von wegen Energieerhaltungssatz. Wäre dem so, wären nicht zig Milliwatt Strom unbemerkt und ungenutzt zwischen den Einlegeböden im Schrank versickert.

Der hehre Vorsatz scheitert am Gerät und der eigenen Unzulänglichkeit, will sagen: der unprofessionellen Vorbereitung. Dann halt nicht. Einen Moment spiele ich mit dem Gedanken, die Bilder mit dem Handy zu machen, aber die Idee verwerfe ich wieder.

Über das Tier beugen – durch den Sucher fixieren – zack, zehn Bilder in einer Viertelminute, bevor sich das Tier in Bewegung setzt und schräg zum Muster auf der Unterlage fotografiert ist … Machen Sie das ruhig mit Ihrem Handy. Ich kann so etwas nicht.

Schwuppdiwupp ist wieder ein Wochenende verstrichen, dann das nächste. So geht es munter weiter durch den Sommer. Irgendwann halt muss ich aber die Dokumentation machen, das ist so lästig wie unausweichlich – genau wie die Steuererklärung. Ich schiebe die Aufgabe vor mir her, sie wird immer lästiger, sie erledigt sich nicht durch Liegenlassen.

Denn diese Art der Problemlösung durch Liegenlassen funktioniert nur in den wenigsten Fällen. Selbst wenn die Untere Naturschutzbehörde in unserem Landratsamt keine Fotos mehr sehen will, heißt das nicht, dass ich sie nicht trotzdem machen und ablegen muss. Bilddokumentationen müssen einfach vollständig sein. Da hilft kein Quengeln, kein Nörgeln, kein „Ich will das nicht!“ und kein „Ich hab keinen Bock darauf!“. Auch nicht, wenn es mit der übellaunigsten Laune, zu der ich fähig bin, vorgetragen wird.

Meine Tochter schlägt vor, ich solle doch beim nächsten Fototermin zur Steigerung der allgemeinen Laune einfach ins Gehege steigen und rufen: „Servus. I bims – der Krötenfotograföhr…“. Das würde sicher nicht nur den Schildkröten gefallen. Auch Anneliese und Hans hätten ganz gewiss ihren Spaß daran. Und dann sollte ich es statt mit dem obligatorischen „say cheese“ doch mal mit einem in die Länge gezogenen „Affen-schei-ße“ versuchen.

Nimmt mich eigentlich überhaupt noch jemand ernst hier?

Beim nächsten Termin hat der Akku in der Spiegelreflexkamera zwar Strom, aber es nieselt. Es ist kalt und ungemütlich, ein schlechter Tag, die Tiere zusammenzusuchen, aus den Frühbeeten zu „pflücken“ und zu fotografieren. Das haben sie nicht verdient. Die gewonnene Zeit will ich nutzen, um in einem der Gehege das Gras, das an einigen Stellen wuchert, zurückzuschneiden. Es bietet Nacktschnecken ein hervorragendes Rückzugsgebiet. Und das will ich nicht.

Nachdem ich diese Arbeit bisher immer mit der Handschere gemacht und mir fast eine Sehnenscheidenentzündung geholt habe, werde ich dieses Mal den elektrischen Rasenkantenschneider nehmen. Wozu hat man sich einen solchen schließlich vor Jahren schenken lassen?

Schöner Plan.

Nur funktioniert er nicht. Als ich das Gerät aus dem Schuppen hole, ist der Akku leer. Hätte mich gewundert, wenn nicht …

Auf Handschere habe ich keine Lust, außerdem ist aus dem Nieseln ein beeindruckender Regenschauer geworden.

Ok, dann geh ich eben aufs Sofa.

Das habt ihr jetzt davon.

Cheeeeeese!

Foto: Stefanie Hartl-Prauser

4

SIE MOBBEN UNS NICHT

März 2017

Natürlich mobben uns unsere Tiere nicht. Natürlich nicht.

Wer Mobbing als Handlungen definiert, durch die man von seinen Mitmenschen regelmäßig schikaniert und gequält wird, so dass man schließlich krank wird und sich zurückzieht, der wird dem zweifelsohne zustimmen. Tiere mobben uns nicht.

Tiere, vor allem Wildtiere, die keinerlei emotionale Beziehung zu ihren Haltern aufbauen müssen, haben weder die Fähigkeit dazu noch ein Interesse daran. Das ist mir klar. Dass ich trotzdem gelegentlich den Eindruck habe, zielgerichtet von meinen Schildkröten schikaniert zu werden, ist vor allem eine bewusste Fehlinterpretation ihres Verhaltens und die Unterstellung, dass dieses Verhalten aus einer bestimmten Motivation mir gegenüber passiert.

Ich könnte sagen: Es ist schlicht meine Einbildung, die Folie für mehr oder weniger gute Witze. Ich weiß das und mache meine Sprüche darüber, auch wenn das Thema Mobbing sich für Scherze eigentlich nicht eignet. Aber hier geht es nicht um echtes Mobbing oder Mobbingvorwürfe gegenüber einem anderen. Hier geht es um vermeintlich zielgerichtete Aktionen meiner Tiere gegen mich. Selbst, wenn man manchmal fast meinen könnte, das machen die mit Absicht, tun sie das natürlich nicht. Aber es macht Spaß, wenn man seiner Phantasie freien Lauf lässt, von seinen Schildkröten erzählt, ihnen menschliche Verhaltensmuster und planmäßiges Handeln unterstellt; solange man aus dieser Gedankenblase wieder heraus in die Wirklichkeit findet.

Meistens erzählen wir uns auf Tagungen zu abendlicher Stunde die komischsten Episoden über unsere Tiere, so auch in Bad Wildungen. Gerade habe ich eine Lesung aus *Manchmal sind es Mistviecher* beendet, und wie so oft erfahre ich im Nachgang viel

Zustimmung der Zuhörerinnen und Zuhörer. Sie haben gleiches erlebt.

Wir sitzen in der Hotelbar zusammen, jeder hat etwas beizusteuern. Wir lachen und lachen und lachen.

„Genau wie bei mir!“, ruft jemand und prompt folgt die nächste Story. War da nicht zum Beispiel mal was mit einem Auto und einer Schildkröte unter dem Gaspedal?

Christin, die in Stuttgart eine Auffangstation betreibt, bestätigt mich, nachdem ich die bis dahin unveröffentlichte Geschichte Say cheese vorgelesen habe gleich mit zwei Dingen.

Auch sie findet wenig bei der Schildkrötenhaltung lästiger als die regelmäßige Anfertigung der Bilder für die Dokumentationspflicht. Nun hat sie mit ihrer Station weitaus mehr Tiere zu fotografieren als ich, trotzdem: Wir sind uns einig, dass das notwendig ist, aber deshalb muss man es noch lange nicht mögen und offensichtlich ist niemand in diesem Kreis, der dies wirklich gerne macht. Das betrifft nicht nur uns Halter, es betrifft vor allem die Schildkröten selbst. So viel steht an diesem Abend fest.

Dabei bemerke ich, dass ich nicht der Einzige bin, dessen Karopapier bei der Anfertigung der Bilder für die Fotodokumentation erheblich in Mitleidenschaft gezogen wurde. Christin bestätigt, dass die Tiere, völlig unmotiviert, alles vollkacken.

„Am liebsten die frisch gereinigten Wasserschalen“.

„Ja, das ist bei meinen auch so“, bestätigt ein anderer in der Runde. Schnell sind wir dabei, uns die besten Fäkal-Episoden unserer Tiere zum Besten zu geben und möglichst dabei den Vorredner zu übertrumpfen.

Ich erzähle, dass meine Tier vorzugsweise dann aktiv werden, wenn ich im Gehege arbeite. Bewaffnet mit Rasen- und Rosenschere, Hacke und Hocker, Eimer und Handrechen rücke ich durchs Gehege, reiße Gras heraus, bekämpfe hemmungsloses Wuchern von Frauenmantel und Fingerkraut. Ich entferne Ableger der Segge, wenn sie allzu üppig wuchert. Plötzlich habe ich einen Geruch in der Nase, der mich irgendwie an eine der letzten Bergwanderungen erinnert. Oben auf der Alm, da roch es genauso. Aber da stand ein Dutzend Rindviecher, die ihre Fladen überall verteilt hatten. Irgendwie ähnlich riecht es auch. Ich weiß schnell warum, genauso wie meine Zuhörer. Ein kurzer Blick unter die Gartenschuhe; richtig: Volltreffer. Mitten rein. Sie haben es geschafft und ihre Kacke genau dort platziert, wo ich mit Sicherheit reintreten werde.So geschieht es auch.

Allgemeines Gelächter. Den unvermeidlichen Tritt in Schildkrötenkot kennen die anderen in der Runde ebenfalls.

„Oder sie suchen die Futterplätze aus“, ergänzt Barbara. „Oder die frisch gepflückten Futterpflanzen. Kaum liegen die im Gehege, kommt eine Schildkröte und – zack: Mitten drauf.“

„Aber so was von“, nicken alle wissend und zustimmend.

„Oder sie bescheißen die beste Freundin meiner Tochter“, erinnere ich mich später, als ich daheim über dem Manuskript zu diesem Buch sitze und an diesen überaus lustigen Abend zurückdenke. „Und zwar buchstäblich.“ Das hätte ich auch noch erzählen können.

Wie war das noch?

Als wir die Schildkröten ganz neu hatten, waren sie die Sensation im Freundeskreis unserer Kinder. Alle kamen und wollten schauen, einige wollten die Tiere unbedingt in die Hände nehmen. Da sie nicht flauschig und kuschelig sind und sich weder zum Streicheln noch Schmusen eignen, hielt sich das zum Glück sehr in Grenzen. Oft genug haben wir dieses Ansinnen abgewehrt, aber es ging leider nicht immer.So hockte Anja, besagte Freundin meiner älteren Tochter, auf der Stufe vor unserer Haustür und starrte fasziniert auf Schildkröte Lilli, die später, als sie sich als Männchen entpuppte, in Hyde umgetauft wurde.

Ob sie nicht mal?

„Bitte … bitte.“

„Na gut. Ausnahmsweise!“

Sie nahm ganz vorsichtig Lilli in die Hände. Umgehend wurde sie Opfer eines ganz natürlichen Reflexes des Tieres: Lilli pieselte, was möglich war, samt Uraten. Sofort waren Anjas

Finger und Pullover eingesaut. Das fand das Mädchen gar nicht witzig. Damit war das Thema, ob Freundinnen die Schildkröten hochheben dürfen, für meine Töchter erledigt.

„Da kann mir einer sagen was er will, das machen die mit Absicht."

In diesem einen speziellen Fall stimmt das sogar. In den anderen allerdings nicht.

Doch Mobbing?

„Könnte es nicht sein, dass sich meine Schildkröten, wenn sie sich unbeobachtet fühlen, zu einer geheimen Besprechung aller Mobbingaktivitäten im Frühbeet zurückziehen?", behaupte ich kühn in der Hotelbar.

„Erst wird die Wasserschale eingesaut und wenn das erledigt ist, werden weitere perfide Aktionen ausgeheckt."

Allgemeine Zustimmung.

Ich versteige mich zu einer ganz steilen These: „Jedes Frühjahr gibt es geheime Absprachen, wer sich den Winter über welche Schikanen hat einfallen lassen. Dann wird ausgeknobelt, wer in diesem Jahr das Obermistviech sein und mich den ganzen Sommer über hemmungslos schikanieren darf. Da werden die Rollen der Good Guys und Bad Guys verteilt."

Die Theorie findet allgemeinen Anklang, wer wollte ihr auch widersprechen, wenn sie dermaßen überzeugend nach ein paar Gläsern Bier vorgetragen wurde?

Weitere Geschichten kreisen, einer erinnert sich, dass alle Schildkröten jeden Abend verlässlich ins Schlafhaus gehen. Nur nicht, wenn es regnet.

Selbiges berichtet auch Nina via Facebook. Auch ihre Tiere haben sich abgesprochen, sich nur dann nicht ins Frühbeet zurückzuziehen, wenn es wie aus Eimern schüttet. Lieber verstecken sie sich schier unauffindbar unter den Gehegepflanzen und lassen sich suchen. Sie sitzen schließlich geschützt im Trocknen, rühren sich nicht und können entspannt zuschauen, was passiert. Die einzige, die bei dieser Aktion komplett durchnässt wird, ist die Halterin selbst.

„*Mistviecher*", kommentiere ich ihre Geschichte grinsend. „Das machen die doch mit Absicht."

Voll die Mobber eben. Ich sag's doch. Samstags spät abends in einer Hotelbar kann man das durchaus behaupten. Um die Uhrzeit nimmt einen ohnehin niemand mehr ernst. Schon gar nicht in der kurhessischen Provinz.

Derweil sitzen daheim die Schildkröten beisammen und bereden, was sie als Nächstes anstellen könnten …

5

PROJEKT »GEMÜSEBEET«

TEIL 2: DER WEG WIRD STEINIG

März 2017

Zurück auf der Baustelle.

Irgendwann ist die Grube, über der das Frühbeet errichtet werden soll, endlich fertig. Ich kann mein Glück kaum fassen: Die schlimmste Plackerei ist zwar noch nicht erledigt, aber ein großer Teil davon. Jetzt heißt es den Unterbau in der Grube anzufertigen. Dazu mache ich wie üblich einen Plan.

Wie bei meinem ersten Frühbeet will ich wieder Mauersteine verwenden. Ich suche die alten Skizzen heraus, Zeichnungen, die außer mir niemand versteht und die ich vor vielen Jahren mal während eines Urlaubs angefertigt hatte. 30 mal 20 cm sind die groß, aber ich messe vorsichtshalber lieber die Steine in der alten Anlage nach. Ja, genau. Das hatte ich richtig notiert.

Zunächst wird erst einmal gezeichnet und gezählt, damit ich weiß, wie viele Steine ich aus dem Baumarkt holen muss. Ohne Skizze und nur im Kopf kann ich das nicht, das geht totsicher schief.

Die Mauersteine sollen den Unterbau bilden, das Frühbeet tragen und die Erde darin frostfrei halten. Die Rückseite des Frühbeets werde ich auf den vorhandenen Betonsockel des Gemüsebeets stellen, das spart nicht nur Steine, das spart insbesondere die Arbeit, sie zu setzen. Ich zeichne und zähle: 24 werden es insgesamt sein. Das kann ich mir merken.

Vergnügt mache ich auf den Weg zum Baumarkt im Gewerbegebiet.

24 Steine … nicht vergessen: 24. Wie bei einem Adventskalender die Türchen.

Die unangenehme Überraschung folgt, als ich dort ankomme. Die Steine, die ich damals verwendet hatte, gibt es dort nicht mehr. Es gibt zwar noch Mauersteine, die aber sind nicht mehr 30 sondern 50 cm lang und nicht 20cm sondern 25cm breit.

Darf ich jetzt bitte einmal ganz laut „Scheiße" durch den Laden rufen?

„Das kommt dabei raus, wenn der Franchisenehmer, der die meisten Märkte rund um München betreibt, sich mit dem orangen Biber überwirft und alle Märkte einer neuen Baumarktkette angliedert", motze ich. „Das halbe Sortiment wurde geändert. Ich bin der Dumme!"

Ein anderer Kunde in der Gartenabteilung schaut mich angesichts meiner lautstark vorgetragenen Selbstgespräche irritiert an.

Mir egal. Ich bin sauer.

„Danke auch!", schnaube ich. Klar, ich könnte wieder gehen und zum Markt mit dem Biber fahren, aber das kostet mich 50 Kilometer weitere Fahrerei, viel Zeit. Außerdem bin ich jetzt schon mal hier.

Genervt lasse mir am Infoschalter einen Stift und Papier geben und setze mich in der Gartenmöbelabteilung in eine Hollywoodschaukel. Ein wenig schaukeln beruhigt ungemein meinen ungezügelten Zorn. Eine Melodie drängt sich mir auf, ich könnte zu Brechts Dreigroschenoper schaukeln und swingen:

Ja, mach nur einen Plan!
Sei nur ein großes Licht!
Und mach dann noch 'nen
zweiten Plan
Gehn tun sie beide nicht.

Notgedrungen fertige ich einen zweiten Plan an, aber ich habe die exakten Maße der Grube nicht dabei. Den Zettel hatte ich natürlich nicht mitgenommen, wozu auch? Ich wusste ja, dass ich 24 Steine gebraucht hätte. Das kann ich mir merken.

Wer bitte kann so etwas ahnen?

Mit der neuen Zeichnung komme ich auf 15 von den größeren Steinen, dazu 3 halbe. So sollte es passen. Hoffentlich.

Ich wuchte die Steine ins Auto, riskiere eine Überladung und einen Bruch der Federn. Gut, dass ich auf dem Hof der Nachbarn parken darf. Ich leihe mir die Schubkarre und bringe Stein für Stein zum Gehege. Die letzten Meter über die Schwellen wuchte ich sie zu Fuß. Ich werfe einen nach dem anderen auf die Erde und bin nicht nur kolossal angefressen, sondern auch durchgeschwitzt.

Wir hätten das Gemüsebeet auch einfach zurückgeben können …

Nein.

Beim Ausladen bleiben Anneliese und Hans meine Übellaunigkeit nicht verborgen. Also erzähle ich ihnen, warum ich genervt bin, dass es die Steine nicht mehr gibt, die ich kaufen wollte.

Das hätte ich besser nicht getan.

Sie erzählen mir, dass sie mindestens noch eine halbe Palette genau dieser Steine, wie ich sie gebraucht hätte, im Schuppen haben. Noch dazu exakt in den alten Maßen. Die Steine sind damals bei ihrer Gartenneugestaltung übrig geblieben. Die könnte ich haben, ich hätte halt mal was sagen können.

Das kann jetzt nicht wahr sein.

„Na toll", denke ich frustriert. „Woher soll ich denn wissen, dass die noch solche Steine haben?"

Um dem Ganzen die Krone aufzusetzen liegt am Wochenende ein Reklameprospekt vom Baumarkt mit dem Biber der Tageszeitung bei. Dort sind die 20x30er Steine ab sofort Angebot. Da soll man sich nicht vereimert vorkommen. Langsam ahne ich, dass irgendwie alles zusammenhängt. Es ist eine große Weltverschwörung, und die richtet sich unter anderem gezielt gegen mich und meinen Gehegebau. Baumarktbetreiber, Nachbarn, Schildkröten, das Wetter – die stecken doch alle unter einer Decke …

Einigermaßen beruhigt bin ich, dass nicht nur mir solche Missgeschicke passieren. Als ich im Februar 2017 auf dem Wuppertaler Schildkrötentag über meine *Mistviecher* einen Vortrag hielt, sprachen mich im Anschluss viele Zuhörer an. Sie berichteten, dass ihnen Ähnliches widerfahren ist. Zu kurz gedacht, falsch gemessen, etwas Wesentliches übersehen – das passiert offensichtlich auch anderen Haltern. Wie beruhigend.

Das kann (in Anlehnung an einen einst oft zitierten Werbespruch eines Kochbeutelreisanbieters) dem besten Gehegebauer passieren. Auch denen, die ein halbes Dutzend Gehege im Garten haben. Jeder Neubau oder Umbau birgt die Gefahr, sich gehörig zu verhauen. So erzählt es mir Thorsten Geier in einem Telefonat, als ich ihm vom Fortgang des Buch-Projektes erzähle. Wir kommen auf genau dieses Thema zu sprechen. Er schildert mir den Aufbau seines neuesten Gewächshauses.

Angesichts der Schlechtwetterperiode entschied er sich, das Gewächshaus zusammen mit seinem Onkel in der Doppelgarage aufzubauen, um es dann später mit vereinten Kräften in den Garten zu tragen und auf das Fundament zu setzen. Ein guter Plan: Aufbau im Trocknen. Da kann man das notwendige Werkzeug oder Kleinteile auf die Erde legen, ohne es nachher im Gras suchen zu müssen. In diesen Dingen bin ich auch sehr gut. Zwar schütte ich immer die Plastiktütchen mit den mitgelieferten Schrauben, Muttern, Inbusschlüsseln und anderen Kleinteilen in eine Schüssel, damit nur ja nichts verloren geht. Das nützt aber nichts, wenn man kniend vor den Bauteilen arbeitet, sich unbedacht dreht und mit dem Fuß diese Schüssel quer durch die Einfahrt oder den Flur kickt. Dann kann man sich die Schrauben im Rosenbeet oder unter der alten Kommode wieder zusammensuchen.

Bei aller Genialität scheiterte auch Thorstens Plan an einem winzigen Detail. Zwar ist das Garagentor hoch genug, um das zusammengebaute Gewächshaus wieder herauszubekommen. Aber es geht trotzdem nicht. Vor seiner Garage befindet sich eine Ausfahrtrampe, das Gewächshaus ist zu lang, um es rechtzeitig kippen zu können. Notgedrungen und zähneknirschend haben die beiden das Gewächshaus zum Teil wieder abgebaut.

Nicht, dass ich, als er mir davon erzählt und zusichert, dass ich das weitertratschen darf, das Gefühl einer gewissen Schadenfreude empfinde – nein. Weit gefehlt. Es ist nur die Beruhigung, zu wissen: Wir sind nicht allein. Sowas kann jedem passieren. Wie klebriger, klumpiger Reis – falls Sie verstehen, was ich meine.

Trotzdem nehme ich das Angebot der Nachbarn an, ihnen einen Schwung Steine abzukaufen. Mit diesen kann ich das noch zu bauende Schlafhaus einfassen. 15 Steine könnte ich gut gebrauchen. Aber wie ich es auch rechne und überlege, am besten passt alles, wenn ich die größeren und die kleineren Steine kombiniere. Dann wird es perfekt – zumindest für meine Maßstäbe.

Der Nachteil: Ich muss erneut zum Baumarkt, was an sich kein Drama ist. In der Regel fahre ich äußerst gerne dahin. Nur nicht an einem sonnigen Frühlingssamstag. Dann ist der Baumarkt gesteckt voll mit Leuten, die mir unendlich auf die Nerven gehen. Das tun zwar prinzipiell viele Menschen, aber samstags im Baumarkt ist es besonders schlimm. Dann nämlich sind Nervtöter in großen Mengen vor Ort.

Steine allerdings nicht, die Palette in der Gartenabteilung ist leer. Ein zerschnittenes Kunststoffumreifungsband und ein paar Krümel sind alles, was von dem Turm der Mauersteine von der vergangenen Woche noch übrig ist.

Wieso?

Was soll das?

Kann nicht einmal was auf Anhieb funktionieren?

Neue Ware muss erst aus dem Lager geholt werden, versichert mir ein Mitarbeiter, der von Kundenscharen umringt ist. Jeder will etwas von ihm – er scheint der Einzige zu sein, der an diesem Samstag Dienst hat.

In 10 Minuten sei er wieder da, schwört er hoch und heilig, als ich endlich durch die Menschentraube der hilfesuchenden, schnittlauchpflanzenden Gewürzgärtner durchgedrungen bin.

Ich ahne, dass das ein frommer Wunsch ist, letztlich wird es über eine Dreiviertelstunde dauern, da der gute Mann von weiteren äußerst beratungsintensiven Kunden angesprochen wird, die allesamt froh sind, endlich einen Verkäufer am Wickel zu haben.

Ob man vielleicht lieber diese oder jene Steine für die Kräuterspirale benutzt, die Beete mit dieser oder jenen Erde auffüllt, will ein Kunde wissen und fachsimpelt sich durch den Nachmittag. Durch die Intensivbetreuung des Kunden kommt der Verkäufer nicht dazu, den Kollegen, der mit

dem Gabelstapler durch die Abteilung kreist, zu instruieren, aus dem Lager eine neue Palette Mauersteine herbeizuschaffen. Vielleicht hätte ich dem das direkt sagen können?

Zunächst nervt mich das Warten, dann aber finde ich zunehmend Gefallen an der Grundsatzdiskussion eines Ehepaares. Die beiden wollen ein Kiesbett für irgendwelche Wasserspiele im Vorgarten anlegen. Sie können sich nicht einigen, sie will weißen Marmorkies, er die einfachen Flusskiesel aus der Isar. Schon, weil die viel billiger sind und man darauf eventuell keine Algen sieht, die sich bilden könnten. Und auch sonstigen Dreck nicht, inklusive der Katzenscheiße.

Das hätte er so besser nicht gesagt, vermutlich ist es ihre Katze, zumindest fühlt sie sich provoziert und keift zurück.

Zunehmend aggressiver tauschen sie das aus, was sie für Gründe und Argumente halten. Irgendwann fängt die Frau an, Fakten zu schaffen. Säckeweise wuchtet sie Marmorkies auf ihren Einkaufswagen. Er stemmt trotzig die Hände in die Seite und lässt sie gewähren.

„Mach doch!“, sprechen seine Augen Bände. „Wirst schon sehen …“

Sie faucht ihn an, ob der vornehme Herr Gemahl ihr die Säcke dann wenigstens ins Auto heben wird?

Das ist so unterhaltsam, dass ich

ganz vergesse, dass die Mauersteine immer noch nicht geholt wurden.

Ich finde mich ungemein clever, dass ich trotz all meiner Unzulänglichkeit den Großteil der Arbeiten lieber alleine mache. So redet mir niemand rein. Wer auch?

Meine Frau lässt mich bei allem gewähren. Life can be so easy … for both of us.

Man muss nur wissen, wie.

Meine Familie ist viel zu klug. Sie geht mir in Phasen höchster Anspannung – und die heiße Phase des Gehegebaus ist nichts anderes – aus dem Weg. Ein paar lobende Worte abends über das verrichtete Tagewerk und den beeindruckenden Fortschritt „Es wird, es wird … reichen mir völlig aus.

Die Diskussion des Ehepaares ist längst in einen handfesten Ehekrach ausgeartet. Sie wird erst unterbrochen, als schließlich der Gabelstapler mit den Mauersteinen kommt. Der Fahrer bittet die Ehefrau, den Einkaufswagen mit den 12 Säcken Kies beiseite zu schieben, damit er vorbei kommt

Sie aber bekommt ihn nicht mehr bewegt.

„Na bitte“, triumphiert der Mann. „Sag ich doch. Eine komplett idiotische Idee.“

Das bringt das Fass zum Überlaufen. Ohne ihn eines Wortes zu würdigen, geschweige denn eines Blickes, marschiert sie davon. Sie lässt ihn stehen und den Einkaufswagen auch.

Während der Mann ächzend den Wagen aus dem Weg schiebt und sich daran macht, die Säcke wieder abzuladen, kann ich endlich meine fehlenden Mauersteine in Empfang nehmen.

Ich lade die Steine auf meinen Wagen und mache mich auf den Weg zur Kasse. Der Weg führt wieder durch die Massen, es ist ein Alptraum, den Wagen hindurch zu manövrieren. Er ist nur unter

großer Kraftanstrengung zu bewegen, lenken lässt er sich, einmal in Schwung gekommen, gar nicht mehr. Also rumple ich fortwährend mit Kräutermuttis, Heimwerkervatis, Wohnungserstbeziehern, Balkondekorierern und anderen ungeübten Baumarktnutzern zusammen. Routinierte Kunden gehen einem solchen Gefährt aus dem Weg, die Samstagsshopper aber schauen weder, wo sie ihre eigenen Einkaufswagen hinschieben, noch bewegen sie sich zügig. Sie schlendern, bleiben plötzlich mitten im Gang stehen, schauen sich um und rennen orientierungslos in einen Seitengang oder hetzen ihren sich in der Zooabteilung selbstständig machenden Kindern hinterher. Da kann es eben vorkommen, dass ein Einkaufswagen, der mit Mauersteinen vollgeladen ist, ihnen in die Karre fährt. Ups – so ein Pech aber auch.

Chaos herrscht auch auf dem Parkplatz. Ein Gewimmel und Gewusel von Menschen, Autos, kreuz und quer stehenden Einkaufswagen. Ein Autofahrer hupt mich an, als ich meine zentnerschwere Last zu meinem Fahrzeug steuere und ihn nicht vorbei lasse. Ich werfe ihm ein freundliches „Idiot" zu, was er wegen der dröhnenden Musik trotz offener Fenster nicht gehört hat. Glück gehabt.

Als ich die Steine auf die Ladefläche wuchte, hupt wieder jemand. Sind heute nur Irre unterwegs?

„Schick di", blökt eine Frau aus ihrem Auto. Sie will den Parkplatz übernehmen.

„Immer mit der Ruhe", ranze ich zurück. Ich würdige sie keines weiteren Blickes. Was denkt die denn, wer sie ist?

Ist doch nicht mein Problem, dass samstags kaum freie Parkplätze zu finden sind. Würde ich nicht endlich mit dem Bau der Grube beginnen wollen, würde ich aus purem Trotz im Steh-Café vor der Kasse einen Cappuccino trinken gehen und weil der sehr heiß ist, warten, bis er einigermaßen abgekühlt ist. Kann die Tante draußen hupen so viel wie sie will.

Aber ich will weitermachen, also fahre ich heim. Eines schwöre ich: Nie wieder fahre ich samstags in einen Baumarkt.

Nie mehr.

Nie, nie mehr.

Ganz ohne Hilfe komme ich doch nicht aus. Sehr froh bin ich, dass meine Tochter mir ihre Hilfe anbietet. Ich finde das nur fair, schließlich gehören zwei der sechs Schildkröten ihr.

Als ich ankündige, zu einer der vielen Kiesgruben im Landkreis fahren zu müssen, fragt sie, ob sie mitfahren soll. Das lass ich mir nicht zweimal sagen und nehme dankbar an. Sie weiß nicht genau, worauf sie sich einlässt, vielleicht ist das gut so, sonst hätte sie es sich vielleicht anders überlegt. Eimerweise Kieselsteine zu schleppen ist nicht unbedingt das, was ich als ein Büromensch zu meinen liebsten Freizeitbeschäftigungen zähle, ganz zu schweigen vom Umschaufeln der Steine. Schnell sind sie im Kieswerk in die Eimer geschaufelt und in die beiden Mörtelwannen im Auto geschüttet, die ich mitgenommen hatte. Man sieht dem riesigen Kieshaufen nachher nicht an, dass da was fehlt.

20 Eimer und zwei Mörtelwannen karren wir heim. Schließlich will ich, dass im schlimmsten Fall des Falles, wenn viel Wasser ins Frühbeet oder Schlafhaus eindringen sollte, dass dieses nach unten schnell abfließen kann und meine Schildkröten nicht unfreiwillig baden gehen müssen.

Die mit Steinen gefüllten Mörtelwannen bewegt allerdings niemand mehr -schon gar nicht aus dem Kofferraum heraus. Also kriechen meine Tochter und ich mit leeren Eimern abwechselnd in den Kombi, um alles aus den Wannen in Eimer zurückzuschaufeln, die ich dann mit der Schubkarre zum Gehege fahre. Vielleicht wäre es eine Idee, zwischenzeitlich prophylaktisch die Telefonnummern von Orthopäden, Physiotherapeuten und Chiropraktikern rauszusuchen? Sicher ist sicher.

Aber so schlimm kommt es dann doch nicht. Die Arbeit muss halt gemacht werden. Mit oder ohne Hilfe.

Erschöpft und zufrieden starre ich auf die vielen schwarzen Eimer, die in einer Ecke des Geheges stehen und darauf warten, in die Gruben geschüttet zu werden. Eine kurze Pause, eine halbe Flasche Mineralwasser, der Schweiß strömt.

Wieder fällt mir Thorsten Geier ein, der seinerzeit mit einem LKW zig Tonnen Kalkstein aus einem Steinbruch geholt und einen Freund mobilisiert hat, ihm beim Abladen der Steine zu helfen. Nun dachte der Freund wohl, dass es sich um ein paar 25-kg-Säcke handelt, nicht aber um einen Kipplader. 12 Tonnen, erzählt Thorsten, hätten sie mühsam erst aus der Einfahrt in die Schubkarren schaufeln, diese dann in den Garten fahren und in den Gehegen verteilen müssen. Dass es sich gelohnt hat, steht außer Frage. Außer für besagten Freund vielleicht. Ich habe keine Ahnung, ob das der Freundschaft einen Abbruch getan hat, vorstellbar wäre es.

„Los jetzt“, gebe ich mir selbst das Kommando. „Die Pause war lang genug.“ Der Kies rauscht aus dem ersten Eimer in das Loch, dann der zweite, der dritte. Das macht Spaß. Vergessen die ganze Anstrengung.

Und wie geht es weiter?

Jetzt könnte ich langsam das Frühbeet bestellen. Der Kies hat mich nicht in die Knie gezwungen …

Mich nicht; aber den Wagen. Dass es fortan bei jeder Fahrt über eine Bodenwelle kracht und scheppert, ist Alarmzeichen genug, ihn in Nachbar Tonis Werkstatt zu fahren. Für knapp 140 Euro wird die angebrochene Schraubenfeder an der Hinterachse erneuert. Selbstverständlich streite ich ab, dass das in irgendeinem Zusammenhang mit dem Transport der Mauersteine oder Kieseimer steht.

„Verschleiß“, argumentiere ich. „Das ist natürlicher Verschleiß. Wie Arthrose.“

In der Werkstatt vermeide ich tunlichst, nachzufragen, ob eine Überladung des Kombis einen solchen Schaden hätte verursachen können. Ich will es schlicht nicht wissen. Ich weigere mich, die Reparaturkosten in das Gehegebau-Budget aufzunehmen. Heimlich aber nehme ich mir vor, die Menge der Steine, die ich in Zukunft mit dem alten VW zu transportieren gedenke, deutlich zu reduzieren. Zweimal fahren ist sicherlich deutlich klüger, als einen weiteren Federnbruch zu riskieren. Das Lehrgeld ist bezahlt. Ich habe verstanden. Aber die paar Kleinteile, die ich jetzt noch kaufen muss, fallen ja nicht weiter ins Gewicht – nicht im übertragenen und nicht im wörtlichen Sinne.

Ha ha ha.

Wird fortgesetzt …

6

SUPPENKASPER – DIE ERSTE

Der Kaspar, der war kerngesund,
ein dicker Bub und kugelrund.
Er hatte Backen rot und frisch;
die Suppe aß er hübsch bei Tisch.
Doch einmal fing er an zu schrein:
„Ich esse keine Suppe! nein!
Ich esse meine Suppe nicht!
Nein, meine Suppe eß ich nicht!"

„Der Struwwelpeter"
von Heinrich Hoffmann, 1845

Mai 2017

Als Heinrich Hoffmann 1845 diese Zeilen für sein Buch „Der Struwwelpeter" schrieb, konnte er kaum ahnen, dass der *Suppenkaspar* (Hoffmann schrieb ihn mit zwei a) später das Synonym für schlechte Esser schlechthin werden sollte – egal, ob es um Suppe, Brot oder Gemüse ging. Oder um Futterpflanzen.

So einen Suppenkasper habe ich auch im Garten. Der bekommt allerdings weder Suppe, Brot oder Gemüse – dafür aber allerlei handverlesene, selbstgesammelte oder ausgesäte Wildkräuter, wie sich das für den Ernährungsplan Europäischer Landschildkröten gehört.

Aber das *Mistviech* frisst noch lange nicht alles.

Während die anderen futtern, was auf den Tisch kommt, im Gehege wächst oder von mir mühsam beschafft und in die Anlage geworfen wird, ist Madame Herta eher heikel. Oder wählerisch. Oder beides.

Nicht, dass sie nicht an bestes und abwechslungsreiches Futter gewöhnt war, als ich sie damals übernahm. Die Vorbesitzer versicherten mir, dass es nie Probleme gegeben habe. Herta und ihre Schwester Berta, die ich im Doppelpack von einem Züchterehepaar erworben hatte, seien beste Esser.

Von wegen.

Während sich Berta von Anfang

an vorbildlich benahm, belehrte uns ihre Schwester Herta, dass auch Schildkröten wählerisch sein können. Kaum, dass sie in ihr neues Gehege eingezogen war, konzentrierte sie sich darauf, mäkelig im Futter herumzustochern und sich nur die Löwenzahnblätter und den Klee herauszufischen. Weder fraß sie vom Breit- noch Spitzwegerich, weder Vogelmiere noch Knoblauchrauke, weder Rainkohl noch Kompasslattich. Mit Brennnesseln brauchte ich erst recht nicht anzukommen. Von all den anderen Pflanzen in meinem Futtermix will ich gar nicht sprechen. Da ging nichts. Gar nichts.

Herta legte es regelrecht auf einen Machtkampf an, wie es Eltern aus der Trotzphase ihrer Kinder kennen, wenn diese sich beispielsweise einbilden, mit einem ganz und gar ungeeignetem Kleidungsstück in den Kindergarten gehen zu wollen, zum Beispiel im Hochsommer in Gummistiefeln; oder wenn das Brot nicht diagonal

zu Dreiecken, sondern über Kreuz zu Vierecken geschnitten wurde. Dann können die Kleinen Tobsuchtsanfälle bekommen und sich allen und jedem verweigern – wie Herta den vielen guten Kräutern. Der einzige Unterschied: Herta wirft sich nicht auf den Boden und schreit herum. Auf dem Boden ist sie schon, schreien kann sie nicht und absichtlich auf den Rücken dreht sie sich auch nicht. Aber sonst ist es genau das Gleiche.

Nun bin ich nicht unbedingt ein Freund, erzieherischer Zwangsmaßnahmen, die damit enden, dass den Tieren so lange etwas angeboten wird, bis sie es fressen: „*Der Hunger treibt es rein!*“ ist eine Struwwelpeter-Pädagogik, die ich auch als Mensch verachte. Dazu bin ich selbst ein viel zu heikler Esser und radikaler Kostverächter gegenüber allem, was mir zu grün, zu körnerhaltig, zu bio-, Superfood oder zu gesund ist. Wie kann ich es da meiner Schildkröte verdenken, dass die so tickt? Irgendwo her muss sie es haben.

Zwar erwischte ich Herta im ersten Sommer, den sie bei uns war, dass sie hin und wieder eine Hibiskusblüte vernaschte, aber Mohnblüten blieben ebenso unangetastet wie Rosen- oder Malvenblüten: All das, nach dem sich die anderen Tiere ihre „fünf Krallen“ ablecken würden, wenn sie es könnten, würdigte sie keines Blickes.

Herta blieb eisern – von wegen

Nahrungsopportunist, von wegen, dass sie sich mit Nahrung versorgt, die sie am besten in kürzester Zeit und mit geringstem Energieaufwand organisieren kann. Von wegen Weidegänger: Vom Abweiden von Futterpflanzenflächen konnte gar keine Rede sein. Herta war ein Suppenkasper, wie er im Buche steht. Sie verschmähte nahezu alles, was ich an Futter herbeischaffte, so sehr ich auch um Abwechslung und immer neue Pflanzen bemüht war. Sie zog das durch. Ohne mit der Wimper zu zucken. Wie sollte sie auch? Sie hat ja keine.

Ein Jahr lang zog sie die Nummer durch, selbst auf die Gefahr hin, dass ihre Schwester Berta ihr das wenige, was sie fraß, auch noch wegschnappte. Erstaunlicherweise aber entwickelten sich beide Tiere, was die Zunahme an Größe und Gewicht anging, sehr ähn lich –das ist bis heute so.

Bisweilen hegte ich den Verdacht, dass Herta heimlich die zuvor demonstrativ verschmähten Pflanzen fraß – nur eben dann nicht, wenn ich sie dabei beobachtete. Es war, als ob sie sich keine Blöße in diesem „Machtkampf" geben wollte. Schaute ich hin, fraß sie nur Löwenzahn und ein wenig Klee.

Das war natürlich reine Einbildung, aber so lange man weiß, dass man sich hier nur seiner Phantasie hingibt, soll es gut sein.

„Nun gut!" Ich richtete mich darauf ein, das Futter von beiden schrittweise aber konstant umzustellen, damit Herta sich endlich an andere Pflanzen gewöhnte. Der Anteil von Klee und Löwenzahn wurde immer weiter reduziert, der Anteil der anderen Pflanzen ständig erhöht. Ich erweiterte das Angebot um Weinblätter, Sedum, Wicken, Stockrosen, Disteln, Malven, Ferkelkraut, Rainkohl – alles, was ich fand und von dem ich wusste, dass die anderen Tiere es gerne fraßen. Ich wälzte Bücher über Futterpflanzen und ging auf die Suche.

Was tut man nicht alles für seine geliebten Tiere?

Aber Herta blieb stur.

Einen Sommer lang.

Zwar biss sie mal hier und dort von einem Blättchen ab, aber lustvolles Fressen geht anders. Sie schob die Futterpflanzen auseinander, fischte wieder nur die wenigen Löwenzahnblüten heraus und ging ihrer Wege, wenn sie davon keine mehr finden konnte.

Nun versuche ich, meinen Tieren ein reichhaltiges Angebot unterschiedlicher Futterpflanzen zu bieten – nicht nur mit dem, was im Gehege wächst. Das meiste davon ist ohnehin spätestens Ende Juni zusammengefressen. Dann muss ich furagieren (siehe *Manchmal sind es Mistviecher*), was bisweilen eine gewisse Herausforderung darstellt. Denn nicht immer ist Futter verfügbar. Wo gestern noch wunderschöne Kräuter in Hülle und Fülle gewachsen sind, kann am nächsten Tag der Mäher alles zunichte gemacht haben. Da ist es gut, wenn die Akzeptanz unserer Schildkröten für unterschiedlichste Pflanzen möglichst groß ist. Schließlich kann ich nicht immer beim Metzger unseres Vertrauens auf die Frage, ob es noch etwas sein darf, antworten: „Ja, darf ich vielleicht auf der großen Wiese neben den Garagen den Löwenzahn, den Klee und den Wegerich abernten?"

Auch das habe ich schon getan. Dort gedeiht alles so prächtig, dass ich in wenigen Minuten Futter für mehrere Tage zusammen hätte. Aber auch der Metzger mäht gelegentlich die Wiese, was sein gutes Recht ist, immerhin ist es seine.

Also schaue ich vor allem im Hochsommer, wenn ich unterwegs bin, oft links und rechts vom Straßenrand in die Landschaft, immer auf der Suche nach geeigneten Flächen, wo ich noch ein paar Kräuter absammeln kann. Wenn ich, was gelegentlich vorkommt, einen Menschen in gebückter Haltung mit einem Korb, einem Eimer oder einer Box durch die Wiesen wandern und Pflanzen pflücken sehe, dann weiß ich, dass es auch andere gibt, die in der gleichen Zwangslage sind. Am liebsten möchte ich spontan bremsen, aussteigen und ein Gespräch anfangen:

„Na, haben Sie hungrige Schildkröten daheim?", wäre ein fulminanter Einstieg.

Aber die Antwort würde vermutlich lauten: „Na, i brauch dringend no Greazeig für d Hosn", was übersetzt ungefähr bedeutet, dass da jemand daheim hungrige Kaninchen im Garten sitzen hat.

Wer ist verrückt genug auf brachliegenden Grundstücken durchs Gras zu kriechen, um Schildkrötenfutter zu suchen und selektiv die Wegerich-, Löwenzahn-, Klee- und andere Blätter einzeln abzupflücken, statt büschelweise das Gras mitsamt den Kräutern auszurupfen? Kaninchenhalter sicherlich nicht ... Die brauchen Hosnfuada und ich eben Schildkrödnfuada.

Nicht allein aus der Not heraus, mehr noch aus Neugier, biete ich meinen Schildkröten immer wieder Pflanzen an, die sie entweder noch nicht kennen oder zuvor verschmäht hatten. Glücklich war ich 2013, als meine Tiere sich entschieden, nach Jahren, die sie Brennnesseln konsequent ignoriert hatten, diese nun zu fressen. Das Zeug wächst bekanntlich überall.

Doch die Freude währte kurz – was 2013 der Renner auf dem Speiseplan war, entlockte den Tieren in Folgejahr nur ein wenig lustloses Geknabber, so dass ich die Brennnesseln irgendwann ungefressen aus dem Gehege wieder heraus holte und in der Biotonne versenkte. Mit Brennnesseln konnte ich seitdem nie wieder landen.

Trotzdem versuche ich jedes Jahr aufs Neue, der Bande Brennnesseln unterzuschieben, aber meist bleiben die Versuche erfolglos. Hingegen bemerkte ich 2016 begeistert, dass sie Zaunwinde verspeisen, eine Pflanze, die sie bisher nie angerührt hatten, und die uns daheim im verzweifelten, erfolglosen Kampf den letzten Nerv zu rauben droht. Überall kriechen die hellgrünen Triebe aus der Erde, winden sich um Stauden und Sträucher. Sie überwuchern regelrecht alle anderen Gewächse, wenn man ihnen nicht Einhalt gebietet. Einst las ich in einem Gartenforum, was ich gegen Zaunwinde machen könne, die einzig richtige Antwort: „Wegziehen!".

Zumindest 2016 hatte ich eine andere Alternative, das Zeug loszuwerden: Meine Schildkröten.

Ich musste das aus Himbeeren, Sommerblumen und Sedum herausgezogene Schlingengewächs nur ins Gehege werfen, tags drauf lagen die vertrockneten Triebe abgefieselt, blatt- und kraftlos in der Sonne. Plötzlich fiel mir auch auf, dass sich überall in unseren Gärten die Zaunwinde ausbreitet, aber nicht im Schildkrötengehege. Die Triebe wurden gleich nachdem sie aus der Erde kamen abgefressen. Wie praktisch.

Wenn wirklich Not am Mann bzw. beim Futter war, konnte ich größere Mengen Zaunwinde vom Nachbargrundstück holen. Dort wuchert das Zeug über einem alten Holzstoß und kriecht an der Regenrinne hoch. Perfekt.

Womit wir die klassische „Win-Win-Win-Situation" hatten: Der Nachbar wird das Unkraut los, ich muss mir keine Sorgen über Futterbeschaffung machen, meine Schildkröten bekommen eine abwechslungsreiche Ernährung. Im Prinzip machen alle eifrig bei dieser Unkrautvernichtung mit. Das ist das Schönste.

Übrigens: Sogar die heikle Herta beteiligte sich an der Vernichtung der Zaunwinde. Überhaupt hat sie ihren „Widerstand" gegen meine Futterauswahl nach ihrer ersten Winterstarre aufgegeben. So, als ob sie nie etwas anderes getan hätte,

verschlang sie mit Heißhunger alles, was das Gehege hergab oder ich zugefüttert hatte.

Warum?

Keine Ahnung.

Vielleicht hat sie sich eines Besseren besonnen. Einen Winter Zeit darüber nachzudenken, dass sie mit ihrem sturen Benehmen bei mir nicht weiterkommt, hatte sie ja. Stur bin ich auch. Und ich sitze am längeren Hebel.

Aber weil es offensichtlich zu den Grundprinzipien der experimentierfreudigen Natur gehört, bestehende und funktionierende Systeme gleich wieder über den Haufen zu werfen, war es mit der Zaunwinde wie mit den Brennnesseln, 2017 wurde sie konsequent verschmäht. Dabei hatte ich mich insgeheim sogar gefreut, dass im neu angelegten Gehege, dem vormaligen Gemüsebeet, wahnsinnig viel Zaunwinde wächst.

„Prima, das lassen wir, das fressen die garantiert zusammen“, frohlockte ich. „Wieder eine Futterpflanze, die direkt im Gehege wächst.“

Die Nachbarin sah das kritisch, ihr ist die Zaunwinde ein Dorn im Auge. Das *Mistzeug* macht nicht nur ihrem Namen alle Ehre und findet am Gartenzaun Halt, nur macht es dort keinen Halt. Es droht, die Dahlien, Astern, Fette Henne und sonstigen Zierblumen auf der anderen Seite des Zauns hemmungslos zu überwuchern.

„Ach was, die Schildkröten fressen das, noch bevor die über den Zaun ins Blumenbeet rankt“, versprach ich blauäugig.

Pustekuchen, welch ein Irrtum. Überall kam sie aus der Erde, machte sich breit und breiter, aber keine einzige Schildkröte fraß sie. Selbst als ich ein paar Tage nicht zufütterte und hoffte, dass sie endlich über die Zaunwinde herfallen, wurde sie eisern ignoriert. Nur Luise wagte sich unter Todesverachtung an das Kraut, und auch nur, als ich sie eindringlich dazu aufforderte:

„Wenigstens für ein Foto könntest du mal ein paar Bisse zu versuchen. Stell Dich nicht so an …“ Sie tat es. Herta aber schaute nicht mal.

„Suppenkasper – alle miteinander. Saubande. Ihr lasst mich ganz schön hängen“, beschwere ich mich. Seitdem rupfe wieder selbst die Zaunwinde, wo immer ich sie erwische.

So weit zur Beantwortung der Frage, wer bei uns am längeren Hebel sitzt …

7

AUF ALLEN VIEREN

Juli 2015

„Wo seid ihr? Verdammte *Mistviecher.* Es nützt nichts, dass ihr euch versteckt. Ich finde euch trotzdem …"

Oder auch nicht. Fluchend, eine Verwünschung nach der anderen ausstoßend, krieche ich durchs Gestrüpp. Von Schildkröten keine Spur. Hin und wieder denke ich, dass ich ein Tier entdeckt habe, aber beim Näherkommen entpuppt es sich wieder nur als Stein, der unter ein paar Zweigen liegt.

„Mist, verdammter", fluche ich als ich meinen Irrtum gewahr werde. „Kann ja wohl nicht sein, dass es hier keine einzige Schildkrote gibt."

So wie im Kroatienurlaub in der Gegend von Obrovac ist es mir oft auf meinen Reisen gegangen. Es passt alles – das perfekte Habitat, die Temperaturen stimmen, es müsste auf jeder Lichtung mindestens ein Tier sitzen und sich in der Morgensonne aufwärmen. Das Meer ist knapp 10 Kilometer entfernt, die Luft ist zumindest morgens noch feucht.

Dem ist aber nicht so, weit und breit ist keine einzige Schildkröte zu sehen. Nicht, dass es sie dort nicht gibt. Da habe ich mich extra schlau gemacht.

„Klar gibt es dort Tiere, ich habe sie selbst gesehen", bestätigen mir Schildkrötenfreunde, die bereits dort waren. Oder ich habe auf Vorträgen davon gehört oder darüber im Internet gelesen und Bilder gesehen.

Alle finden Tiere – immer. Auf Anhieb. Keineswegs etwa nur eines. Dutzende. Ich gewinne fast den Eindruck, sie müssen regelrecht aufpassen, dass sie über keine Schildkröte stolpern, so viele laufen dort herum.

Nur bei mir nicht. Egal wo ich bin. Frankreich, Italien, Griechenland oder Kroatien jedes Mal ist die Suche ein Drama. Es muss an mir liegen, ich bin einfach zu doof dafür. Oder zu blind.

Dabei hatte ich mich vor der Reise ausgiebig informiert. Hatte ich nicht wenige Wochen zuvor in einem Balkanreiseforum gelesen, dass man hier quasi über Schildkröten stolpert?

Dort wird über jede kleinste Begebenheit ausführlich berichtet, hier werden Fundorte benannt und Tipps en masse gegeben. Hier macht sich niemand Gedanken, ob eine abgelegene Wiese bei Debeljak durch einen Hinweis auf Schildkrötenfunde plötzlich zu einer Pilgerstätte mutiert und einen Massenansturm schildkrötenbegeisterter Touristen auslösen könnte … was wohl so oder so nicht passiert.

„Auf Schritt und Tritt", stand im Netz geschrieben, „begegnen einem die Tiere. Viele direkt am Straßenrand."

Und es waren jede Menge Fotos zu sehen.

Das klang vielversprechend, vor allem für einen Blindfisch wie mich, der immer halbe Ewigkeiten braucht, bis er eine Schildkröte in freier Natur entdeckt.

Ich glaubte dem Foreneintrag, sonst wäre ich niemals hierher gefahren. Vor Ort allerdings muss ich feststellen, dass da jemand gewaltig übertrieben hatte. Was läuft falsch mit mir, dass ich keine Tiere finde? Oder was läuft falsch mit den Schildkröten, dass sie sich vor mir verstecken?

Längst nicht jeder Streifzug durch die Habitate ist von Erfolg gekrönt. Davon weiß jeder Schildkrötenfreund, der auf Reisen ist, ein Lied zu singen, ein paar Strophen trage ich noch weiter hinten in diesem Buch dazu bei.

Da hilft es nicht, sich selbst zu bestätigen, dass dieses Habitat perfekt zu sein scheint: Ein bis auf Pfützen ausgetrockneter Bachlauf, feuchter Boden mit vielen Gräsern und Kräutern, sonnige und schattige Plätze, viele Versteckmöglichkeiten, Steinplatten und hohes Strauchwerk.

Optimal – würde ich wenigstens sagen. Aber die Schildkröten wohl nicht. Was ich als ganz hervorragend ansehe, muss den Tieren noch lange nicht behagen. Das sollte ich wissen, beim Gehegebau ist es nicht anders. Auch da heißt es noch lange nicht, dass die Stellen, von denen ich ausgehe, dass sie besonders attraktiv gestaltet sind, von meinen Schildkröten als solche akzeptiert werden.

Bei der Schildkrötensuche hilft es auch nicht, zu glauben, dass der frühe Vogel den Wurm fängt, und die Suche auf die Zeit zwischen sieben und neun Uhr zu verlagern. Manchmal ist das einzige, was ich finde, ein leerer, ausgehöhlter Panzer. Immerhin ist das ein Beweis, dass es hier Schildkröten gegeben hat oder noch geben muss. Manchmal finde ich nicht einmal das.

Fast wie ein gewisser Spott klingen da Dieter Glandts Bemerkungen in seinem *Taschenlexikon der Amphibien und Reptilien Europas*. Als Beobachtungstipps zu Griechischen Landschildkröten formulierte er, dass sie: „In den geeigneten Lebensräumen vor allem auf dem Balkan nicht schwer zu finden"
(GLANDT 2010) sind.

Sehr witzig. Der Mann kennt mich und mein Glück nicht. Das Buch, ansonsten ein unverzichtbares Reiseutensil, möchte ich, wenn ich so etwas lese, frustriert in hohem Bogen in die Macchia werfen.

Ich gebe für heute auf, es nutzt nichts. Dieser Seitenweg der mich tief in die Macchia Dalmatiens geführt hat, scheint unergiebig. So wie auch der zuvor gewählte Weg … und auch der davor. Alles, was ich finde sind ein paar Eidechsen, die aufgeregt davonhuschen, wenn sie mich bemerken. Auch von den großen Panzerschleichen, die mich begeistern, ist nichts zu sehen. Kein Scheltopusik weit und breit, dabei hatte es geheißen, diese eindrucksvollen Tiere könne man hier in Hülle und Fülle finden. Am Ende des Urlaubs habe ich nur einen gesehen – mitten auf einer wenig befahrenen Straße an einem frühen Sonntagvormittag. Ehrensache, dass wir ihn von dort vertrieben haben.

Seit zwei Stunden streife ich suchend kreuz und quer durch das vormals verminte Gebiet zwischen Galovac und Gorci, in dem von 1991 bis 1995 der Kroatienkrieg wütete, als ein Teil der serbischen Bevölkerung dort die Republik Serbische Krajina ausgerufen hatte.

Noch heute sind die Spuren des Krieges im Land zu sehen – freilich nicht in den Urlauberregionen an der Küste, doch das Hinterland trägt tiefe Narben. Landstriche, die regelrecht entvölkert waren, finden nur langsam Anschluss an den Rest Kroatiens. Viele Häuser stehen leer, einstige Industrieanlagen liegen brach. Der Natur tut es gut – in diesen „Schutzzonen" haben viele Tiere ihre Nischen … so auch Schildkröten.

In der Ferne leuchten die Zinnen des Velebit-Gebirges, die wohl jeder kennt, der jemals die Karl-May-Filme der 60er Jahre gesehen hat. Auch der berühmte Zramanja Canyon ist nicht weit. Auch er zählte einst zu den Winnetou-Drehorten, war danach Pilgerstätte deutscher Jugoslawien-Touristen, bis der Krieg kam. Der ist nun lange vorbei, vereinzelt tauchen deutsche Urlauber auf, die nach den Spuren der einstigen Apachen-Pueblo-Kulisse suchen – und Wanderer, Naturfreunde, Kanuurlauber und eben Schildkrötensucher. Ein gewisses Unbehagen beschleicht mich allerdings, wenn ich die alten Minenwarnschilder sehe, aber ich denke mir, so lange ich auf den Feldwegen bleibe, die vor mir ganz offensichtlich von Fahrzeugen befuhren wurden, wird schon nichts passieren … auch nicht hier bei den abgelegenen Orten im Hinterland. Nur ist das so eine Sache. Selten habe ich Schildkröten auf den

Wirtschaftswegen gefunden, meistens musste ich links und rechts den Trampelpfaden folgen und wurde dort fündig. Nun heißen Trampelpfade nicht umsonst so – irgendwer wird vor mir einher getrampelt sein, sonst gäbe es den Pfad nicht. Und wenn die dort laufen konnten, dann kann ich das auch. Minenwarnung hin oder her …

Während meine Frau auf unseren Wanderungen, die mehr oder weniger zur Schildkrötensuche ausarten, recht erfolgreich ist, bin ich bisweilen blind wie ein Maulwurf.

Ich gehe langsam, meine Blicke streifen umher – nichts.

„Da vorne“, weist sie auf ein Tier mitten auf dem Weg. „Und dahinten ist noch eine!“ Wieder hat sie eine entdeckt.

Und ich?

Ich stoße im Gras auf etwas rundes, gewölbtes, was sich am Ende wieder nur als Stein entpuppt. Es wird Zeit, eine zentrale Regel für Schildkrötensucher zu formulieren:

Alles, was von Ferne aussieht
wie ein Stein, ist auch ein Stein.
Alles, was von Ferne aussieht,
wie eine Schildkröte, ist trotzdem
ein Stein.
Na ja, fast alles.
Manchmal ist es eine
knorrige Wurzel.

Egal in welchem Land und in welchem Habitat – die Regel gilt immer.

Zumindest für mich.

Ich glaube nicht, dass wir hier fündig werden“, sage ich zum Beispiel bei einer Wanderung auf dem Monte Pinu im Norden Sardiniens enttäuscht zu meiner Frau. „Es ist zu steil hier. Wir können einen Zahn zulegen“, was soviel heißt, dass wir zurück in normales Wandertempo kehren können. Kein schlenderndes Suchen mehr.

Enttäuschung macht sich breit. Die Zeit ist vorangerückt. Es ist bereits später Vormittag – zum Glück ist es nicht allzu heiß. Sonst werden sich die Tiere, sollten sich hier tatsächlich welche befinden, sicher längst unter Büschen, Wurzeln und in den schattigen Plätzen zwischen den Steinen zurückgezogen haben.

Sie aber verkündet keine fünf Minuten später: „Schildkröte voraus. Ein Prachtexemplar.“

Tatsächlich „klebt“ einige Meter vor uns an einer Felskante ein Marginata-Männchen. Es ist wirklich ein Prachtexemplar.

Ich beschließe, das Tier einer ausgiebigen Fotografier-Orgie zu unterziehen. Von links und rechts, vorne und hinten. Meine Frau wartet geduldig, derweil immer neue Bilder in immer abstruseren Verrenkungen

meinerseits entstehen. Noch eines, und noch eines, und noch eines.

Das mag der Kerl aber nicht. Er fühlt sich angesichts der Aufmerksamkeit, die er erregt hat, sichtlich unwohl und zieht sich in seinen Panzer zurück. Etwas schlecht für ihn ist die fast senkrechte Lage. Er steht fast nur noch auf den Hinterbeinen, die er nicht einziehen kann, ohne, dass er den Halt im Gelände verliert. Angesichts dessen und des wild um ihn herumtanzenden und -kriechenden Fotografen entscheidet er sich dann doch, sein Heil in der Flucht zu suchen …

Dabei entstehen ein paar Bilder, die mir, als ich sie das erste Mal im Netz veröffentliche, die Frage einbringen, ob die nicht getürkt seien. So etwas gäbe es doch gar nicht: Doch, das gibt es.

Irgendwann hat es der Bursche geschafft, auf einen wieder geraden Untergrund zu gelangen. Nun ist sein Ziel, ein Versteck unter trockenen Zweigen zu finden, nicht mehr weit.

Ich bedanke mich artig in gebrochenem Italienisch für die Geduld und die Kooperationsbereitschaft sowie den Verzicht auf die Rechte am eigenen Bild. Dann lasse ich ihn seines Weges ziehen.

Kaum ist die Schildkröte unter dem dürren Holz verschwunden, lösen sich die Körperformen förmlich in Nichts auf, ist das Tier kaum mehr zu sehen. Faszinierend, wie schnell selbst große Schildkröten „unsichtbar" werden können.

Aber zum Glück sind nicht alle so. Andere Schildkröten scheinen fast darauf zu warten, von mir fotografiert zu werden. Und, als hätten sie es geahnt, drapieren sie sich selbst zwischen Felsen und Steinen zu Postkartenmotiven. *Goldstücke* … überall.

Gern würde ich meine Frau öfter als Spürhund mitnehmen, so auch in Kroatien.

„Geh' lieber allein auf Suche", meint sie, vergnügt sich lieber mit einer ordentlichen Wanderung oder mit Lesen auf der Terrasse, derweil ich erneut durchs Unterholz unseres Urlaubslandes krieche und erfolglos bleibe – bei Debeljak, bei Sukošan, einfach überall.

Je länger ich suche, je heißer es wird, je mehr mir der Schweiß die Schläfen herunterläuft, umso gereizter und genervter werde ich. Zwei Stunden und ich habe nur ein Tier gefunden. Das ist unfassbar. Wie machen das all die anderen, die auf Exkursionen gehen und anschließend bei ihren Vorträgen die schönsten Bilder davon zeigen?

Ich fluche, ich tobe, ich schimpfe. „Ihr *Mistviecher*", ist dabei noch das harmloseste, was mir an unflätigen Ausdrücken einfällt.

Ich versuche es mit Beschwörungen, Gelübden und Verlockungen.

„Nur eine, bitte nur eine", murmle ich, keine Ahnung, an wen diese flehentliche Bitte in dem Moment gerichtet ist. „Nur eine. Dann gebe ich mich zufrieden. Aber eine, das ist ok, oder?"

Manchmal spreche ich die Schildkröten direkt an, vollkommen ignorierend, dass sie mein Deutsch nicht verstehen und ich nicht in der Lage bin, sie in der jeweiligen Landessprache aufzufordern, aus ihren Verstecken zu kommen. Ganz abgesehen davon, dass ich weiß, dass Schildkröten grundsätzlich nicht auf diese Ansprache reagieren, weil sie sie als solche gar nicht wahrnehmen, geschweige denn, ihren Inhalt begreifen. Aber hier in der Hitze, wenn das Hirn langsam ausdörrt, da wird man wunderlich.

„Hey, stellt euch nicht so an", versuche ich es forsch. Kein Erfolg. Dann versuche ich es verführerisch: „Ich will euch nur fotografieren. Für mein neues Buch. Euer Bild soll da rein." Das hilft genauso wenig wie das daraus resultierende Versprechen: „Das ist großartig. Ihr werdet berühmt. Euer Foto geht um die Welt. Jeder kann es sehen!"

Das ist nicht mal gelogen, gelegentlich lade ich Bilder von Schildkröten in die sozialen Netzwerke. Da gehen die Fotos dann um die Welt, da kann sie wirklich jeder sehen – theoretisch zumindest.

„Das Foto von eurem Kollegen auf Sardinien", erzähle ich meinen verborgenen Zuhörern im Gestrüpp, „das ist in mehreren Büchern abgedruckt worden, es ist in einem Kalender erschienen, auf meiner

Website, auf Facebook sowieso, ich habe es in Vorträgen gezeigt und lade es gelegentlich in irgendwelchen Diskussionen hoch, wenn mir jemand erzählt, Schildkröten könnten nicht klettern. Die Marginata ist dadurch richtig berühmt geworden. Das könnt ihr auch haben."

Den Schildkröten ist das wurscht. Sie wollen nicht berühmt werden – zumindest nicht die in den Habitaten.

Dass ihre Artgenossen in Menschenhand, in den Zoos, Parks und Gärten eine ganz andere Aufmerksamkeit erreicht haben und einige sich zu YouTube-Stars entwickelt haben (unfassbar viele Likes für unfassbar blöde Clips) steht auf einem anderen Blatt. Von YouTube hat in der Macchia des Balkans noch keine Schildkröte etwas gehört. Meine Versprechungen führen zu gar nichts.

Einen letzten schwachen Trumpf spiele ich aus: „Stellt Euch vor, der sardische Kollege hat echte Fans. Nur wegen dieses Fotos und meines Reiseberichts ist eine ganze Familie aus Hamburg nach Sardinien gereist. Sie hat genau diese Wanderung gemacht, auf der ich sie gefunden hatte. Sie wollten die Breitrandschildkröten auch sehen. Wie so'n Denkmal oder ein berühmter Wasserfall. Kein Witz. Das weiß ich aus erster Hand, ehrlich. Das ist doch was, oder?"

Offensichtlich ist das nichts. Keine Reaktion. Keine Schildkröte. Nirgends.

Enttäuscht kehre ich zum Auto zurück.

Ich öffne die Heckklappe meines Autos, schütte einen halben Liter gut gewärmtes Wasser in mich hinein, esse ein Stück Obst und schaue mir auf dem Display die magere Fotoausbeute an. Nun ja. Viele Habitatfotos, die ich für spätere Vorträge verwenden kann, habe ich gemacht. Mich beschleicht ein schlechtes Gefühl: So lange ich keine Schildkröte gefunden habe, nützen mir die Bilder nichts – denn so lange ist das hier gar kein Habitat. Da können die Fotos noch so gut und aussagekräftig sein. Sie als Fotos eines natürlichen Lebensraums zu präsentieren, ohne dass ich dort eine einzige Schildkröte gefunden habe, wäre nicht nur unredlich, es wäre unehrlich.

Wie blamabel wäre es, später die Bilder zu zeigen und dann von jemandem zu hören: „Bei Sukošan willst du Schildkröten gefunden haben? Da gibt es doch gar keine."

Also muss ich eine Schildkröte finden. Schließlich habe ich bereits mehrere Vorträge über Kroatien zugesagt, es wird Zeit, die passenden Bilder zu machen – und da gehören nun mal Schildkröten drauf. Ich nehme mir vor, zukünftig nie wieder Vorträge von Reisen in Habitaten zuzusagen, bevor ich die Reise nicht angetreten habe. Mit den Bildern aus Istrien im Vorjahr allein ist kein Staat zu machen. Aber jetzt hilft mir das nicht weiter.

Eine verdammte Schildkröte muss her. Das kann doch nicht so schwer sein.

Mittlerweile sind es an die 36 °C, viel zu heiß, um weiterzusuchen. Sicher haben sich alle Schildkröten, wenn es wirklich hier welche gibt, längst unter schattenspendende Sträucher zurückgezogen.

Nur ich armer Irrer hocke hier in der gleißenden Sonne. Fliegen umsurren mich.

Ich sollte aufgeben, zurück zur Ferienwohnung fahren, meine Schwimmsachen holen und mich zum Strand begeben. Ab ins Meer. Verlockende Aussichten.

Wäre da nicht dieser eine kleine Weg, den ich eher zufällig entdecke. Eher ein Trampelpfad an einer dicht bewachsenen Bruchsteinmauer vorbei. Auf der anderen Seite des Weges ein dunkler, niedriger Wald aus kleinen Eichen.

„Ok – letzter Versuch."

Noch einmal schnappe ich mir die Kamera, lasse alles andere im Auto, mehr als ein paar Schritte werde ich nicht mehr gehen.

Bei meinem Glück heute ist das ein aussichtsloses Unterfangen.

Ist es nicht.

Im hohen Gras sitzen sich zwei Tiere gegenüber. Auge in Auge. Ein Männchen und ein Weibchen. Einen Moment zögern sie, es ist, als warte jeder der beiden darauf, dass der andere den ersten Schritt macht, als ob der Schildkrötenmann überlegt, ob er es wagen solle, dem Weibchen auf bewährt rüde Art den Hof zu machen …

Dann aber überlegt er es sich anders. Keine Lust auf Paarung. Ihm ist es heute zu heiß. Lieber trottet er von dannen.

Auf allen vieren krieche ich den Schildkröten entgegen, die Kamera vor dem Auge. Innerhalb von wenigen Minuten entstehen hunderte von Fotos.

Ich bin vollkommen euphorisiert.

Der Tag ist gerettet.

Und der Vortrag auch.

Aber eines sage ich dir: „Das nächste Mal lässt du mich nicht so lange suchen, haben wir uns da verstanden?"

Nein. Haben wir nicht.

8

PROJEKT »GEMÜSEBEET«

TEIL 3: AUF NICHTS KANN MAN SICH VERLASSEN

April 2017

Mit dem Kauf des Frühbeetes habe ich gewartet, bis ein Großteil der Arbeiten im Gehege weit fortgeschritten war. Also bis zum letzten Drücker. Ich wollte es nicht auf der Terrasse herumstehen haben, das Wetter ist zu schön, als dass wir die Terrasse nicht dauernd nutzen wollen. Da steht der voluminöse Karton im Weg.

Mitte April, knapp vier Wochen nach dem ersten Spatenstich, konnte ich es endlich ordern. Einige Tage später stand es, als ich abends nach der Arbeit heim kam, vor der Haustür – und nicht mitten auf der Straße, wie das andernorts scheinbar üblich ist.

Thorsten Geiers Gewächshaus zum Beispiel hatte der Spediteur einfach vor seiner Haustür mitten auf der Straße abgestellt und sich verzogen. Nun wohnt Thorsten in einer sehr ruhigen Wohngegend mit wenig Straßenverkehr. Der Ärger hielt sich einigermaßen in Grenzen. Bei uns an der Hauptstraße mit dem Ortsdurchgangsverkehr würde eine solche Aktion vermutlich wüstes Hupen und zahlreiche Bluthochdruckattacken der Autofahrer zur Folge haben. Berufspendler schätzen das nicht so, wenn sie auf dem Weg zum oder vom Büro durch Hindernisse aufgehalten werden.

Am Horizont tut sich ein Silberstreif auf, das Ende ist nah. Freund Bert verspricht, mir beim Aufbau zu helfen und die Stromleitung, die ich während eines Vormittags in einem Graben in die Erde verlegt hatte, anzuschließen. Mit Elektrik kennt er sich wesentlich besser aus, bei meinem Talent und der Art handwerkliche Dinge anzugehen, hätte ich vermutlich nicht nur einen Kurzschluss produziert, sondern vielleicht gleich einen Stromausfall im gesamten Dorf. Dafür schmeiße ich dann nach getaner Arbeit den Grill an. Hey Dude, we have a Deal!

An einem Samstagmittag rückt er an, den Werkzeugkoffer in der Hand. Er misstraut fremdem Werkzeug, vor allem meinen. Dass er wenigstens meinen Akkuschrauber akzeptiert, grenzt an ein Wunder. Ich kann ihm das nicht verdenken, ich habe ein paar sehr gewöhnungsbedürftige Werkzeuge in meinem Besitz, noch aus familiären Altbeständen. Es gibt Schraubenzieher, die hat mein Vater schon seinem Schwiegervater abgeluchst, entsprechend ausgefranst sind sie und beim Hammer kann es passieren, dass der Hammerkopf am Stiel entlang nach unten rutscht oder davon fliegt – was aber noch lange kein Grund ist, das ganze Zeug in den Müll zu werfen. Schließlich sind es mittlerweile echte Antiquitäten. So von früher, von damals… Sie wissen schon. Wir waren unendlich dankbar, wenn wir überhaupt einen Hammer hatten.

Vorausschauend habe ich dieses Mal darauf geachtet, dass der Akku des Schraubers aufgeladen ist. Auch der Ersatzakku strotzt vor Strom. Es kann losgehen. Drei Stunden veranschlagen wir für alle Arbeiten, danach landen die Fleischlappen auf dem Grill. Die Zeit arbeitet von jetzt an unaufhörlich gegen uns.

Also geht der Stress los, in der Hektik des Zeitdrucks passiert das, was immer passiert, wenn man gehetzt ist und sich nicht richtig konzentriert: Fehler.

Selbstverständlich lesen wir uns die Aufbauanleitung des Frühbeets ganz durch. Alle Männer machen das – immer. Explizit wird gewarnt, man solle darauf achten, dass die beiden Giebelseiten spiegelverkehrt aufgebaut werden müssen? Klar steht das da und wir machen unsere Witze, ob die uns für so blöde halten, dass wir das nicht wissen?

„Außerdem ist es nicht das erste Frühbeet, das wir zusammenbauen“, riskiere ich noch einen Spruch.

Aber als wir die beiden fertigen Giebel beiseite stellen, um uns der Frontseite zu widmen, wird uns schnell klar, warum die vormontierten Teile nicht so zusammengepasst haben, wie gedacht. Natürlich haben wir es bei der zweiten Giebelseite falsch gemacht und nicht darauf geachtet, dass diese spiegelverkehrt zur ersten sein sollte. Also ist sie es auch nicht.

Nicht immer kann man das, was nicht passt, mit Hilfe von ein paar Hammerschlägen passend machen. Wir hatten es versucht. Es ging nicht. Fluchend nehme ich eine Giebelseite wieder auseinander und baue sie erneut zusammen, dieses Mal richtig, also spiegelverkehrt.

Bert geht lieber. Er will die Elektrik anschließen, da lässt er sich ohnehin nicht helfen. Als das Frühbeet fertig und zur ersten Stellprobe auf den Sockel gewuchtet ist, schaut das

Ganze recht manierlich aus

„Kann man so lassen", befinden wir. „Beenden wir für heute die Arbeit, morgen ist auch noch ein Tag. Lass uns den Grill anwerfen. Bierchen?"

Das haben wir uns verdient …

In den nächsten Tagen könnte es schnell gehen: Ich muss nur noch Blitzzement anrühren, das Beet mit den Sockelsteinen verbinden und fertig. Bei meinem ersten Frühbeet habe ich das auch so gemacht. Das Ganze hat sich bewährt Es geht schnell und bedeutet nicht viel Arbeit – so habe ich es am liebsten.

Von wegen, dass das schnell geht.

Als ich das Frühbeet zurechtrücke, ist nichts im Lot, nichts passt, nicht mal annähernd. Die Steine sind uneben, an einigen Stellen liegt zwar der Metallrahmen auf, an anderen aber sind zentimeterbreite freie Spalten. Dass ich das hätte vorher sehen können, aber vielleicht nicht sehen wollte, macht es nicht besser. Was bleibt, sind zwei Alternativen: Entweder den gesamten Unterbau noch einmal ausgraben und alles neu machen oder pfuschen. Nun raten Sie, was meine Wahl war …

Richtig.

Flickschusterei.

Wo es nicht passt, wird mit alten Pflastersteinen gepfuscht. Scheiß drauf, dass die Blase in der Wasserwaage mitnichten in der Mitte des Röhrchens ist, das ist mir egal und den Schildkröten hat es das gefälligst auch zu sein. Wehe wenn nicht. Wehe ich hör nur ein Wort!

Hauptsache, das Frühbeet steht am Ende stabil, ob es dann auch gerade ist, ist doch mir egal. An der Rückseite verdeckt eine Reihe kleiner Pflastersteine den Spalt zwischen Aluprofil und Betonkante. Sieht ja keiner, und wenn doch – mir wurscht.

Es kostet mich nur drei Steinbohrer (zwei verbogen, einer abgebrochen), einen Wutanfall und den Ankauf neuer Bohrer, bis endlich die Verankerung hält. Es kommt nicht von ungefähr, dass alle Handwerker, die bei uns daheim etwas erledigen sollen, mir misstrauen. Lieber messen sie alles selbst nach als von mir irgendwelche Angaben entgegenzunehmen. Geben Sie mir eine

Schlagbohrmaschine in die Hand und der Irrsinn geht los.

Falls Sie zum Beispiel glauben, dass die Menge Blitzzement, die ich gekauft hatte, um einige Mauersteine auszugießen, ausreicht, dann irren Sie sich gewaltig. So wie ich mich geirrt hatte.

Ich halte mich für besonders clever, weil ich mehrere kleine Säcke kaufe. Ich werde sie nacheinander anrühren. Wenn am Ende etwas übrig bleibt, dann kann ich die ungeöffneten Säcke zurückbringen. Was soll ich schließlich mit Blitzzement im Schuppen? Der platzt ohnehin aus allen Nähten.

Die Realität belehrt mich schnell eines Besseren: Mit den gekauften Säckchen komme ich nicht weit. Das reicht knapp für zwei Steine. Warum, verdammt noch mal? Der Zement sah so viel aus, als ich ihn im Eimer angerührt habe. Wo fließt das ganze Zeug hin? Zementiere ich am Ende gerade die Kiesdrainage zu?

Also fahre ich tags drauf nach der Arbeit wieder zum Baumarkt und hole einen 25-kg-Sack. Viel hilft viel. Dann eben so. Jetzt sollte es genug sein. Und das ist es dann auch.

Auch die Annahme, 4x15er Schrauben, mit denen ich die Deckelplatte der Schlafgrube befestigen will, durch 4x20er ersetzen zu können, nur weil ich von den kleineren keine mehr im Schrank habe, erweist sich als Fehler. Sie würden auf der anderen Seite der Platte wieder herauskommen. Klugerweise prüfe ich das, bevor ich sie in den Deckel drehe.

Fünf Millimeter sind nun mal fünf Millimeter. Wieder fahre ich zähneknirschend los und kaufe Unterlegscheiben. Gleich zwei Packungen, langsam lerne ich aus meinen Fehlern. Dass mir am Ende trotzdem zwei Unterlegscheiben fehlen, macht mich nur noch wütend.

Wie gut, dass Toni noch in seiner Werkstatt ist. Von ihm schnorre ich die letzten fehlenden Unterlegscheiben, er schaut mich überrascht an, als wolle er sagen, er hätte nicht gedacht, dass ich überhaupt weiß, was das ist. Dass er mir statt Unterlegscheiben zwei Karosserieschraubenscheiben in die Hand drückt, nehme ich einfach hin. Ich erkenne ohnehin keinen Unterschied.

Noch die zwei Schrauben, dann ist die Schlaf- und Überwinterungsgrube samt Übergang zum Frühbeet fertig. Endlich.

Das Ergebnis der tagelangen Arbeit im ehemaligen Gemüsebeet kann sich sehen lassen: Ein fulminanter Sonnenbrand am Hals und Nacken, der leuchtet sogar im Dunklen.

Warum sagt mir keiner, dass die Sonne permanent auf mich niederbrennt, während ich meist vorn übergebeugt im Gehege baue?

Meine Frau schüttelt nur den Kopf.

„Ich dachte eigentlich", meint sie zurecht, „dass du alt genug wärest und wissen müsstest, dass man sich eincremt, wenn man in die Sonne geht."

„Aber Sonnenbrand im April?", entgegne ich fragend. „Wir haben noch nicht Sommer."

Als Ausgleich dazu schüttet es die Woche darauf in Strömen, es fallen sogar einzelne Schneeflocken, die weiteren Arbeiten am Gehege verschieben sich, zwischen zwei Schauern gelingen immer nur kleine Arbeitseinheiten.

Auf einem frisch umgepflügten Feld liegen hunderte großer Steine. An einem Samstagvormittag sammle ich zwischen zwei Regenschauern die Größten ein, verfrachte sie in Eimer, einmal mehr ächzt das Auto. In der Anlage werden die zu etwa einem Drittel eingegraben, damit sie stabil liegen. Mehr geht heute nicht: Es schüttet wieder. Alles ist nur noch Matsch.

Meist lohnt es gar nicht, sich bei den ersten Sonnenstrahlen die Arbeitsklamotten anzuziehen. Bis ich draußen bin, regnet es ohnehin wieder. Der frisch umgegrabene Boden ist dermaßen weich, dass jegliche weitere Arbeit droht, in eine Schlammschlacht auszuarten. Ich kann keinen Schritt im Gehege machen, ohne dass sich tennisballgroße lehmige Klumpen an meine Sohle kleben. Überall bilden sich Pfützen. So geht das nicht. Ich muss auf Wetterbesserung warten, Lampen und Heizstrahler werde ich später aufhängen und die Deckelheizung anschließen.

Auf Regen folgt allerdings nicht Sonnenschein sondern der nächste Schneefall. Es friert zwar nicht, aber an Weiterarbeiten ist überhaupt nicht mehr zu denken. Allerdings auch nicht daran, ein paar Spaziergänge in den umliegenden Wäldern zu machen und nach dekorativen Ästen oder Wurzelstücken zu suchen. Na gut, fahre ich halt ins Schwimmbad, ohnehin ist der Sport in den vergangenen drei Wochen etwas zu kurz gekommen. Und der Sonnenbrand kann langsam verschwinden …

Wird fortgesetzt …

9

MÄDEL, MACH HINNE

Juni 2016

„Mach hinne!“, schnauze ich gereizt Sisi an. „Das nervt!“

Aber Sisi, die ich vor rund zehn Jahren von Freund Alex übernommen habe, denkt gar nicht daran. Seit mehreren Tagen rennt die Schildkrötendame durch das Gehege. Sie gräbt mal hier, gräbt mal da. Aber Eier legt sie nicht.

In diesem Sommer stellt Sisi, die seit ein paar Jahren regelmäßig Eier gelegt hat, meine Geduld arg auf Probe. Irgendetwas passt ihr nicht, aber irgendetwas ist immer – die soll sich nicht so haben.

Hat sie aber …

Als Sisi vor einigen Jahren das erste Mal Eier gelegt hat, hat sie sie eher im Galopp verloren. Von Eingraben keine Spur, davon habe ich bereits in *Manchmal sind es Mistviecher* (Seite 113) erzählt. Offensichtlich hatte ihr niemand erklärt, wie Schildkrötenweibchen das machen: Dass sie einen geeigneten Platz suchen, dann mit

den Hinterbeinen eine Grube graben, die Eier in selbiger absetzen und danach die Grube wieder ordentlich zuschaufeln. Woher hätte sie das auch wissen sollen, es hatte ihr keiner erklärt oder vorgemacht? Also lagen die Eier auf der Erde, ein wenig verdeckt von einem Kiefernzweig – fertig. Wäre ich nicht aus Versehen auf eines getreten, ich hätte die vielleicht nicht einmal gefunden.

Im Folgejahr aber hatte sie das Prinzip verstanden. Sie hatte einen Platz mit weicher Erde ausgesucht und gebuddelt. Eher zufällig erwischte ich sie, markierte die Stelle unauffällig und ließ sie gewähren. Zwei Stunden später, als von Sisi nichts mehr zu sehen war, habe ich die Eier wieder ausgegraben und vernichtet. Ich war mir sicher, dass die Eier nicht befruchtet waren. Zwar sind die Männchen in meinem Bestand recht paarungswütig, aber ich hatte den Eindruck, dass sie das Prinzip des richtigen Paarungsvollzugs noch nicht wirklich verstanden hatten und konsequent bis zum Ende durchspielen.

Wie auch immer …

Im Sommer 2016 aber schien Madame mit dem Ablageplatz des Vorjahres unzufrieden zu sein, keine Ahnung warum. Wesentliches hatte sich dort nicht geändert.

Schildkröten können ganz schön stur sein, zumindest meine, obwohl ich von vielen anderen Haltern weiß, dass es ihnen mit ihren Tieren nicht besser geht. Ich richte mich also auf eine Geduldsprobe ein.

Weil sie mit nichts zufrieden ist, sucht Sisi tagelang nach einem Eiablageplatz, der ihr in den Kram passt. Aber sie findet keinen, ich habe keine Ahnung, was ihr nicht behagt, sie sagt ja nichts. Während ihre Artgenossin Luise nicht so ein Theater macht und höchst zielstrebig und kooperativ den vorgesehenen Ablageplatz ansteuert, ziert Sisi sich. Die, die sonst eher von rustikalem Naturell ist, macht plötzlich auf Diva.

Ich erwische beide Tiere dicht nebeneinander. Luise lässt sich durch nichts mehr stören und schaufelt die Grube mit ihrem Gelege zu. Sisi aber, die gerade eine knapp 10 Zentimeter tiefe Kuhle gegraben hat, bricht unverrichteter Dinge die Arbeit ab und macht sich auf und davon.

Mädel – was ist jetzt wieder nicht in Ordnung? Sag halt was.

Zu hell? Zu dunkel?

Zu warm? Zu kalt?

Oder ist es mangelnde Diskretion der Nachbarin?

Ich habe keine Ahnung.

Und wenn du dich nicht äußerst, kann ich nichts ändern.

Mir bleibt nur die Spekulation. Vielleicht geht ihr die grabewütige Nachbarin auf die Nerven, vielleicht

fühlt sie sich von Jeckyll gestört, der sie zwar kurz beschnüffelt, aber ganz entgegen seiner ansonsten stürmischen Art dieses Mal keinerlei Interesse an einer Paarung hat und seiner Wege geht.

So geht ihr Treiben seit Tagen.

Was heißt seit Tagen?

Gefühlt geht das seit Wochen so.

„Mädel mach hinne. Zefix! *Mistviech*, damisches!", motze ich sie eines Morgens bajuwarisch-westfälisch an. „Olle Zicke, hab dich nicht so!"

Aber Sisi denkt gar nicht daran. Vierzehn Tage zeigt sie alle Anzeichen, dass sie legen will, aber irgendwie nicht kann, weil sie sich nicht entscheiden kann, wo. Abend für Abend kehrt sie unverrichteter Dinge ins Schlafhaus zurück. Für mich wird es zeitlich immer enger. Der Urlaub steht vor der Tür. Meine Frau und ich wollen zwei Wochen lang in die Toskana.

„Sisi, werd' fertig", versuche ich der Schildkröte zu erklären, worum es mir geht. „Ich möchte weder, dass du eine Legenot bekommst, noch finde ich es prickelnd, wenn du während unseres Urlaubs die Eier irgendwo im Gehege oder im Frühbeet eingräbst und ich nicht weiß, wo das ist."

Sie starrt mich unverständig an. Kein Wunder.

Trotzdem rede ich weiter. Ich versuche es mit Vernunft: „Wenn du jetzt nicht legst, kann ich die Eier nicht aus der Erde holen."

Eine Naturbrut schließe ich bei der beknackten Witterung zumindest im Gehege aus, falls die Eier überhaupt befruchtet sind. Aber ich möchte nicht das Frühbeet umgraben müssen, wenn ich nicht mal weiß, ob sie eventuell dort gelegt hat. „So richtig Spaß macht das nämlich nicht. Verstehst du?“

Offensichtlich nicht, zumindest bleibt Sisi stur. Sie hat ihren eigenen Kopf – und der denkt gar nicht dran, mit Rücksicht auf unseren näher rückenden Urlaub endlich die Eier zu legen.

Dann eben nicht. Der Urlaub lässt sich nicht verschieben. Und gestrichen wird er erst recht nicht. Nicht deshalb. Außerdem möchte ich das Gesicht der Versicherungsangestellten sehen, wenn ich von der Reise zurücktrete, nach der Kostenerstattung frage und die Aktion damit begründe, ich könne leider nicht fahren, da eine unserer Tiere bald Eier legen wird.

„Haben Sie einen Vogel?“, würde sie vermutlich zweideutig denken. Fragen wird sie das sicher nicht. Falls aber doch, würde ich wahrheitsgemäß antworten, dass ich weder im buchstäblichen, noch im übertragenen Sinn einen Vogel habe, aber Schildkröten. Aber bei denen ist es mit dem Eierlegen fast genauso… „Haben Sie das etwa nicht gewusst?“

Zähneknirschend lassen wir die Tiere in der Obhut unserer Töchter und brechen nach Camaiore auf. Sie sind in den besten Händen und werden erstklassig versorgt, aber die Wahrscheinlichkeit, dass sie Sisi beim Eierlegen erwischen, ist eher gering. Vielleicht sollte ich über eine Videoüberwachung nachdenken.

Als wir nach 14 Tagen wieder daheim sind, gilt mein erster Blick meinen Schildkröten. Augenscheinlich ist alles gut. Meine Tochter erzählt, wie gruselig das Wetter gewesen ist, fast winterlich und das mitten im Sommer. Viel hat sich bei den Schildkröten nicht getan. Spät am Tag erst verlassen sie das geheizte Frühbeet und machen sich ins zugewucherte Gehege auf. Unglaublich, wie innerhalb von zwei Wochen alles gewachsen ist. Da wird wohl eine kleine Rodung fällig.

Ich sehe Sisi. Sie sucht noch immer nach einem Eiablageplatz. Knapp vier Wochen geht das so. Ok, Mädel! Das reicht!

Wenn nicht schnell was geschieht, werde ich mit ihr zum Tierarzt fahren müssen.

„Zweiundsiebzig Stunden gebe ich dir noch, dann lass ich dich röntgen, ob du überhaupt Eier in dir trägst. Und wenn, dann wird wohl ein Mittelchen fällig“, erkläre ich Sisi, die wie üblich gar nicht erst zuhört. „Spaß macht das nicht, ich hab’ von anderen Schildkrötenhaltern gehört, dass das für die Weibchen alles andere als lustig ist...“

Es beeindruckt sie nicht.

Da kommt mir eine Idee – eine letzte, die ich noch ausprobieren möchte. Vielleicht hilft es. Und wenn nicht, richte ich zumindest keinen Schaden an.

Am Montag fahre ich auf dem Rückweg von der Arbeit am Baumarkt vorbei. Schnell sind ein paar Säcke einfachste Gartenerde in den Kofferraum geladen und ebenso schnell habe ich sie daheim aufgerissen und ins Gehege geschüttet. Große

Mühe gebe ich mir nicht dabei: Alles auf einen Haufen. Es ist die billigste Gartenerde, die ich finden konnte. Gedüngt oder nicht – das ist mir im Augenblick egal. Ich brauche einen neuen Hügel. Jetzt. Sofort. Normalerweise mische ich Erde mit Sand und gemahlenem Kalk. Dieses Mal nicht.

Nach wenigen Minuten bin ich fertig. Ein neuer Erdhaufen befindet sich nun mitten im Gehege. Vielleicht findet Sisi den akzeptabel. Später dann werde ich den Erdhaufen auseinander ziehen oder verdichten. Das weiß ich noch nicht. Jetzt soll sie ihn erst einmal prüfen und für gut befinden.

Als Sisi am nächsten Morgen aus dem Frühbeet ins Gehege kommt, bin ich bereits im Garten. Ich will sehen, was passiert.

Sisi ist verwirrt: Es hat über Nacht buchstäblich Erde vom Himmel geregnet. Zwar nicht überall, aber dort, wo gestern noch ein Stückchen Wiese war. Wie kann das sein?

Das interessiert sie. Sie beäugt und beschnüffelt den Erdhaufen ausgiebig. Dann macht sie sich auf den Weg. Einige Male umrundet sie ihn, dann überquert sie ihn.

„Wunderbar. Los jetzt, fang an zu graben."

Sisi denkt aber nicht daran. Sie sucht sich was zu fressen, knabbert an zwei Blättern und kehrt wieder zum Erdhaufen zurück.

„Jetzt?"

Sie bleibt nicht …

War das wieder nichts?

„Wenn du heute nicht legst, fahre ich morgen mit dir zum Tierarzt", drohe ich ihr. „Jetzt ist endgültig Feierabend. Länger schau ich mir diesen Zirkus nicht an."

Ich gehe enttäuscht zurück ins Haus und suche die Telefonnummer des Arztes und die Öffnungszeiten heraus, damit ich ihn im Laufe des Tages dort anrufen und um seine Meinung fragen kann.

„Die spinnt wohl – so ein Rumgezicke", schnaube ich in mich, während ich die Sachen, die ich mit ins Büro nehmen muss, zusammensuche.

Geduld war meine Sache noch nie.

Natürlich weiß ich, dass Sisi das Eierlegen weder verweigert, um mich zu ärgern, noch weil sie zu kapriziös dazu ist. Sie selbst quält sich am allermeisten, wenn sie wie eine Getriebene immer wieder neue Legeplätze sucht, weil es ihr einfach nicht gelingen will, eine Stelle zu finden, die ihr zusagt. Es ist eben alles sehr kompliziert.

Als ich eine Dreiviertelstunde später das Haus verlasse, wieder mal viel zu spät dran bin und zur Garage hetze, sehe ich, dass Sisi gerade beginnt, mit ihren Hinterbeinen eine Grube zuzuschieben. Darin blinken sechs Eier. Sie hat es geschafft.

Endlich.

Das hat aber gedauert …

10

MAMA KOMMT NICHT UND EMMA HÖRT NICHT

Mai 2017

Irgendwann kommt der Punkt, an dem ich keine Lust mehr auf den eigenen Garten, die eigenen Schildkrötengehege, den Neubau und die Arbeit damit habe. Allein der Gedanke, was zu erledigen wäre, nervt. Warum sich nicht einfach zwischendurch mit etwas ganz Anderem beschäftigen? Es ist nicht so, als gäbe es nichts, was mich nicht begeistern kann …

Grünzeug zum Beispiel, das ordentlich wächst und nicht an- oder abgefressen ist. Perfekte Gärten. Fertige Gärten, in denen andere alle Arbeiten erledigen.

Also fahren meine Frau und ich an einem Sonntag im späten Frühling ab in die Botanik. Oder um es genauer zu sagen: In den Botanischen Garten Nymphenburg in München.

Wir waren seit vielen Jahren nicht mehr dort. Zeit wurde es außerdem ist es kühl und regnerisch, kein Wetter selbst zu „garteln“ oder stundenlang im Freien herumzulaufen. Ich

rechne nicht mit immensen Besuchermassen, was natürlich ein Irrtum ist an einem Sonntag, der noch dazu wegen eines Feiertags zu einem langen Wochenende gehört. Zwar steht ein großer Teil der Münchner im Stau Richtung in die Berge zum Familienausflug mit anschließendem Schweinsbraten, Knödel und Stop-and-Go auf der Rückfahrt, aber es sind immer noch zu viele Menschen in der Stadt. Sie dackeln in großen Menschentrauben durch den Tierpark, den Nymphenburger Schlosspark, den Englischen oder den Botanischen Garten. Von wegen Leere.

In Pulks schlendert man an den Rabatten entlang, erzählt sich lautstark allerlei Zeug, fachsimpelt über Pflanzen und trumpft mit seinen Kenntnissen auf. Jeder, der nur einen Blumenkasten am Balkon hat, ist plötzlich neunmalklug und gibt ungefragt über die Tausenden von Pflanzen, die es in Nymphenburg zu sehen gibt, allerlei Wissen, noch mehr Halbwissen und immens viel Falsches von sich. Das macht aber nichts, Hauptsache flanieren und schwadronieren. Der andere neben ihm weiß es auch nicht besser, er wird sich hüten, korrigierend und besserwisserisch einzugreifen, dünn ist das Eis, auf dem man wandelt. Aber niemand hackt es ein.

Kinder, denen langweilig ist, nörgeln, Mütter donnern anderen Besuchern Buggys in die Haxen, alte Frauen beschweren sich untergehakt bei anderen alten Frauen über ihre undankbaren Enkel, die sich nie melden. Väter fotografieren, Orchideenzüchter fachsimpeln in ergriffenem Ernst. Jeder lässt jeden wissen, welche Pflanzen er daheim hat, wie er sie pflegt, warum die Standortwahl wahnsichtig wichtig ist, warum die hier im Botanischen Garten keine Ahnung haben. Sätze wie „Die Pflanze steht völlig falsch, die braucht viel mehr Sonne…“ bleiben unwidersprochen, man hört Abhandlungen über den richtigen Dünger – „Pferdemist, ich nehme nur Pferdemist! Das ist das Beste überhaupt!“ – und Beschwerden wie unverschämt es ist, dass hier im Botanischen Garten auf vielen Schildern nur die wissenschaftlichen, botanischen Artnamen angegeben sind. Da kann man sich gar nicht richtig informieren... das perfekte Biotop für Klugscheißerei. Was also liegt näher, als munter mitzumischen?

„Lotos Effekt. Es heißt Lotos Effekt. Mit zwei O. Nicht mit U“, könnte ich abrupt stehen bleiben, mich umdrehen und ungefragt eine Bemerkung in eine Unterhaltung der hinter mir gehenden Leute einwerfen. Zwei Männer fachsimpeln zum Frauenmante. Sie begeistern sich am Abperlen der Wassertropfen auf den Blättern.

„Das ist …“, sagt der eine und stockt.

„Ja genau“, bestätigt der andere, ohne dass man erfährt, was es nun ist.

Dann durchzuckt es ihn. Da ist es, das fehlende Wort „Lotus Effekt“.

Und da soll man nicht dazwischen gehen?

„Lotos Effekt. Kapieren Sie das endlich. Ein Lotus ist ein Auto, die Pflanze heißt Lotos. Mit Ooooooooooooo!“, durchzuckt es mich. „Herrschaftszeiten!“

Wenn ich gerade dabei bin, könnte ich gleich noch ungefragt weiteres Wissen auf die beiden herabregnen lassen.

„Diese Pflanze könnten Sie unbedenklich Ihren Schildkröten verfüttern, vorausgesetzt, Sie haben welche. Das ist Frauenmantel, wissenschaftlich *Alchemilla*. Ein Rosengewächs

übrigens. Wird aber nicht gern gefressen. Zumindest meine Tiere mögen ihn nicht. Aber er eignet sich wunderbar zur Gestaltung und bietet schöne Versteckplätze. Wie gesagt: Vorausgesetzt, Sie haben überhaupt Schildkröten! Sie wissen schon, das sind diese Tiere mit den dicken Panzern …“

Und wenn ich schon in Fahrt bin, kann ich gleich weiterreden: „Die Funkien hier dürfen Sie auch ins Gehege pflanzen. Leider sind sie ein Magnet für Wegschnecken. Und die Pflanze mag es gern schattig. Das sollten Sie bedenken. Es sei denn, Sie haben die Lilien-Funkien, die wachsen in praller Sonne gut. Lilien sind das übrigens nicht, sondern Agavengewächse.“

Natürlich sage ich nichts davon. Natürlich weiß ich das alles nicht. Aber ich kann googeln und mache das während der Erstellung des Skriptes zu diesem Buch oft, oder glauben Sie etwa, ich würde das alles auch so wissen?

Wo waren wir?

Richtig. Im Botanischen Garten.

Besonders grotesk geht es in einem Gewächshaus zu – dort, wo die Schildkröten daheim sind.

„Mama, komm schnell!“, schreit der kleine Jeremy, der genauso gut Cedric oder Jerome heißen könnte, quer durchs Gewächshaus und läuft

aufgeregt zu dem kleinen Wasserbassin. Der Knirps hat recht. In der Tat sind dort Schildkröten.

Aber das weiß Jeremys Mama auch, sie hat am Eingang zu dem Gebäude ein entsprechendes Hinweisschild gesehen. Sie weiß auch, dass der künstliche Teich überfüllt ist mit Rotwangen- und Gelbwangen-Schmuckschildkröten, die rein gar nichts tun, sondern einfach nur herumliegen. Für sie ist das nichts Besonderes. Kein Grund zur Eile. Für Jeremy schon.

Die Tiere, die die Besucherströme des Münchner Botanischen Gartens gewöhnt sind, werden sicher noch da sein, wenn sie am Teich angekommen sein wird. Die Reptilien denken gar nicht daran, sich aus der Ruhe bringen zu lassen, von ihren Sonnenplätzen Reißaus zu nehmen, sich ins Wasser fallen zu lassen und abzutauchen. Warum also diese Hast?

Mutti sieht das nicht ein, schon gar nicht für ein paar langweilige Viecher, die zu Dutzenden auf den Steinen der Beckenbegrenzung hocken. Die Fluchtdistanz der Schmuckschildkröten geht gegen Null.

Was – so ehrlich muss ich sein – ich mir auch zunutze mache, normal ist das nicht. Also fotografiere ich eine Gelbwangen-Schmuckschildkröte wie ein Irrer und versuche dabei, Jeremys an Hysterie grenzendes Begeisterungskreischen bestmöglich zu ignorieren. Das ist allerdings schier unmöglich, das Kind schreit sich fast

die Seele aus dem Leib, so, als habe es gerade das verschollene Atlantis entdeckt – oder zumindest das Bernsteinzimmer, wobei ich zweifle, dass Jeremy weiß, was das ist.

„Mama, schnell! Da ist eine! Komm! Komm! Mach schnell!"

Aber Mama kommt nicht. Erst muss sie noch in einem Schaukasten irgendwelches Grünzeug sichten. Das macht die doch mit Absicht.

Fast möchte ich der Mama zurufen, sie solle sich endlich her bewegen, damit ihr krakeelender Nachwuchs Ruhe gibt. Schließlich ist er nicht allein hier. Das ist einer dieser Momente, in denen ich zwar nach wie vor der Meinung bin, dass Kinderlärm Zukunftsmusik bedeutet, aber trotzdem Eltern nicht aus der Pflicht entlassen will, ihren Kindern eine gewisse Erziehung angedeihen zu lassen. Niemand muss sich so benehmen, als sei er allein auf diesem Globus.

Jeremys Mama denkt nicht im Traum daran, dem Sohnemann zumindest zu antworten, dass sie auf dem Weg sei und er jetzt Ruhe geben könnte. Also kreischt er weiter.

Derweil aktiviert der Dritte im Bunde, der Vater der Familie, die Handykamera, was seine Konzentration dermaßen fordert, dass auch er dem Sohnemann nicht ein wenig mehr Contenance abfordert. Papa weiß zwar, dass andere Menschen im Glashaus sind, weil diese ihm ständig durchs Bild rennen, aber dass das familiäre Gebaren mittlerweile eine Zumutung für alle anderen darstellt, ist ihm nicht bewusst. Im Gegenteil: Die anderen sind es, die ihn stören. Sie sind im Weg. Also rennt er beinahe einen Buggy samt Kleinkind bei der Suche nach dem besten Standort zum Fotografieren um. Lange kann es nicht mehr dauern, bis es zum Handgemenge kommt.

Papas Blick ist nun vollends auf das Handy-Display fixiert. Der Kronprinz und die Schildkröte; das werden Fotos, die der stolze Vater erst per WhatsApp an die gesammelte Verwandtschaft und Paten schicken, anschließend wird er den Rest der Welt über die sozialen Medien beglücken. Es sei ihm gegönnt. Zum Glück halten die Schildkröten still, selbst als Jeremy sie verbotswidrig betatscht, was die mittlerweile auf der Bildfläche erschienene Mutter dazu führt, aus der Handtasche ein Desinfektionstüchlein herauszuzupfen und Jermeys Finger damit abzuwischen. Das nützt nur nicht viel, denn Zack, liegt die Hand wieder auf einem Schildkrötenpanzer.

Diese Tiere sind Kummer gewöhnt. Sonst wären sie nicht im Tropenhaus des Botanischen Gartens, sie allesamt sind „Wegwerf-Schildkröten". Sie waren „lebender Müll", der über Züchter und Zoohandel in die Hände

verantwortungsloser Idioten gelangt ist. Als diese der Tiere irgendwann überdrüssig wurden, haben sie sie kurzerhand entsorgt. Meist geschieht so etwas in Teichen, Seen oder Weihern. 2016 wurden zum Beispiel in München aus dem See im Westpark hunderte exotischer Wasserschildkröten geholt.

Oder sie landen im Botanischen Garten. Es kommt regelmäßig vor, dass Tiere in Rucksäcken in die Anlage geschmuggelt und dort in die „Freiheit" entlassen werden.

Vierzig Tiere toleriere man, erfahre ich aus dem Internet über den Botanischen Garten, der sich wegen der Tiere in einer Zwickmühle befindet: An sich gehören die Tiere nicht hierher. Der Botanische Garten ist kein Zoo. Aber da die Schildkröten zu den absoluten Besucherlieblingen gehören, hat man sich notgedrungen arrangiert. Nur wenn die Zahl die Obergrenze ausgesetzter Schmuckschildkröten wieder einmal überschritten ist, werden Tiere gefangen und an die Münchner Auffangstation abgegeben, teilt die Leitung des Botanischen Gartens ebenfalls im Internet mit.

Derweil Jeremy neben einer Schildkröte posiert und der Papa das letzte Dutzend Fotos macht, nähern sich die zwei älteren Frauen, noch immer untergehakt, jetzt aber nicht mehr über die Enkel, sondern über die Nachbarn schimpfend.

Sie warten etwas abseits, bis die Familie mit ihrer Aktion durch ist, dann aber bricht es aus einer der beiden Frauen heraus.

„Emma, Emma!", gurrt sie mit sopranösem Alterstremolo quer über den Teich. „Emma! Komm!"

Aber ihr Locken bleibt ohne Erfolg. Keine einzige Schildkröte fühlt sich angesprochen, geschweige denn gemüßigt, sich der Frau zu nähern. Vielleicht heißt keine Emma, vielleicht stellen sie sich allesamt taub.

Man sieht ihnen ihre demonstrative Ignoranz förmlich an: „Emma? – Mich kann die ja wohl nicht meinen!“

Die komplette Verweigerung jeglicher Reaktionen aber ist nicht das, was die Frau erwartet hat. Sie ist zutiefst enttäuscht, dass keine Schildkröte angepaddelt kommt.

„Emma!“, lockt sie ein ums andere Mal, beugt sich vor und trommelt unaufhörlich mit dem Zeigefinger auf einen Stein der begrenzenden Mauer.

„Emma!“

Wäre Emma ein Pudel, er wäre längst da, eine Katze würde vielleicht ein Futterversprechen in diese Körperhaltung hineininterpretieren und sich neugierig nähern. Die Schildkröten aber rühren sich nicht. Warum auch?

Meine Frau fragt mich flüsternd, ob diese Frau vielleicht vor Jahren heimlich ihre Schildröte „Emma“ hier entsorgt hat und inkognito immer wieder besucht? Von der Hand zu weisen ist dieser Gedanke sicherlich nicht. Meine Phantasie reicht allemal, um mir das vorzustellen.

Aber Emma, so denn überhaupt ein bestimmtes Tier gemeint ist, übt sich weiterhin in stoischer Ruhe.

Also fängt die Frau an, mit dem Finger im Wasser hin und her zu rühren. Ein kläglicher Versuch, den Schildkröten zu suggerieren, hier gäbe es gleich etwas zu fressen und auf den Instinkt des Beutemachens abzuzielen. Sowas kann sie mit verfressen Goldfischen machen, aber mit den vornehmen Schmuckschildkröten doch nicht. So blöde ist Emma nicht.

Keine Reaktion von Seiten der Schildkröten. Nicht eine Einzige, nicht ums Verrecken. Nur einen Moment wünschte ich mir, eine Schnappschildkröte würde jetzt vielleicht … Nein. Das ist gemein.

„Emma!“ Die Frau hört nicht auf zu rufen.

Und Emma hört nicht hin. Ein kluges Geschöpf. Da sage noch einer, Schildkröten hätten den Verstand eines aufgeweichten Milchbrötchens. Aber das hat ja nie einer behauptet …

11

VON WEGEN „RUMEIERN"

Juli 2017

Sisi kann auch anders – wenn sie will.

Und meistens will sie.

Nicht immer macht sie bei der Eiablage so ein Theater wie im Sommer 2016. Im Folgejahr funktioniert sie höchst präzise wie eine Schweizer Uhr. Von wegen „Rumeiern", wie man es gerne sagt, wenn jemand sich nicht partout entscheiden kann oder will; ist ja auch nicht immer so einfach, sich festzulegen, ich verstehe das schon.

Ein paar Tage inspiziert sie das Gehege, dann hat sie sich entschieden. Sie will die Eier auf dem altbewährten kleinen Hügel direkt neben der Mauer ablegen, wie sie es mehrfach getan hat. Den sucht sie immer wieder auf, kratzt ein bisschen mit den Füßen die Erde hin und her, schaut, ob sie nicht doch etwas Besseres findet, kommt aber zu dem Hügel wieder zurück. Er scheint ihr zu behagen.

Im Frühjahr erst habe ich die Büsche kräftig zurückgeschnitten, so dass er vom Morgen bis zum späten Nachmittag in der Sonne liegt, schnell abtrocknet und sich aufwärmt. Die Mauer zum Nachbargrundstück trägt ihren Teil dazu bei, dass die Schildkröten diese Stelle in der Früh als erstes aufsuchen und sich offensichtlich sehr wohl dort fühlen. Es ist eine kleine Wärmeinsel, wie Wolfgang Wegehaupt solche exponierten, windgeschützten Plätze nennt (Wegehaupt 2012).

Nach den Erfahrungen von 2016 möchte ich nicht wieder zum Baumarkt fahren müssen und mit ein paar Säcken Gartenerde einen „Notlegehügel" anlegen. Darum habe ich ein feines Gemisch aus Erde, Sand und gemahlenem Dolomitkalk neu aufgeschüttet, jetzt sollte es passen.

Und das tut es auch.

Alles scheint Sisi zu behagen. Nur das Wetter spielt nicht mit. Wochenlang klettert das Thermometer auf deutlich über 30 °C, der Mai und Juni brechen einen Rekord nach dem nächsten, alle Schildkröten verziehen sich bereits am Vormittag unter die Sträucher. Dafür sind sie, was ich sehr ungewöhnlich finde, bereits morgens vor 8 Uhr unterwegs, sie fressen früh und dann erst wieder am Abend. Fast möchte man meinen: Sehr mediterran geht es diesen Frühsommer in unserem Garten zu.

Als es Ende Juni abends kräftig regnet und abkühlt, ist tags darauf Sisis große Stunde gekommen. Die Sonne scheint, aber es hat nur noch etwa 25 °C, es ist wohlig warm, aber nicht zu heiß.

Und als ob sie sich für das „Fehlverhalten" des Vorjahres entschuldigen wolle, sucht sie sich zum Eierlegen extra einen Tag aus, an dem ich frei habe. Es ist ein Dienstag, mein Plan ist es, an einen See in den Chiemgau zu fahren, optimale Bedingungen, um meinem anderen Hobby, dem Freiwasserschwimmen, zu frönen. Zuerst aber erledige ich etwas lästigen Bürokram, beantworte E-Mails, schreibe an ein paar Texten, dann verlasse ich pünktlich um 11 Uhr das Haus. Der Weg führt mich am Gehege vorbei.

Sisi sitzt, wie sie es in den vergangenen Tagen oft gemacht hat, auf dem Hügel und lässt sich die Sonne auf den Rückenpanzer scheinen – zumindest schaut es im ersten

Moment so aus. Ungefähr so hatte ich sie vor zweieinhalb Stunden gesehen, als ich morgens das erste Mal die Schildkröten in ihren Gehegen kontrolliert hatte. Da aber kaute sie noch an einem Wegerichblatt herum. Das tut sie jetzt nicht.

Ihr gegenüber sitzt Berta. Die beiden Tiere starren sich an. Auge in Auge. Wie bei einem Duell.

Sisi stubst Berta mehrfach mit dem Kopf an, bewegt sich aber sonst keinen Zentimeter. Mit den Hinterbeinen fängt sie gleichzeitig an, eine Kuhle zu graben.

Geht's endlich los?

Scheint so.

Für mich ist in dem Moment klar, dass ich meinen Tagesablauf heute ein wenig ändern werde. Ganz offensichtlich will Sisi jetzt ihre Eier legen und ich werde ihr dabei zuschauen. Es ist das erste Mal, dass ich den ganzen Vorgang von der ersten bis zur letzten Minute beobachten und viele Fotos machen kann. Meine Schildkröten richten sich mit ihrem Eierlegen weder nach meinen Büro- noch meinen Urlaubstagen. Aber heute kommt mir Sisi entgegen.

Also bringe ich die Sporttasche zurück ins Haus, soll der See doch warten, der ist später auch noch da, oder morgen, je nachdem, wie lange das Ganze dauern wird.

Ich suche meine Kamera und ärgere mich einmal mehr, dass der Akku wieder leer ist.

Wieso das denn?

Ich bin mir sicher, ihn nach den Bildern für die Fotodokumentation wieder aufgeladen zu haben, aber vermutlich bilde ich mir das nur ein. Vielleicht ist er einfach altersschwach.

Was für ein Scheiß … selbst wenn ich die Ladezeit auf das Minimum verkürze, werde ich vom Eierlegen keine Bilder bekommen. Ich habe offen gestanden keine Ahnung, wie lange Sisi graben wird, bevor das erste Ei in der Grube versenkt wird. Genau auf diesen Augenblick kommt es an.

Derweil der Akku der Spiegelreflexkamera wieder im Ladegerät steckt, bleibt mir nichts anderes übrig, als mit Handy und meiner kleinen Unterwasserdigitalkamera bewaffnet zurück ins Gehege zu kehren und zu warten.

Und zu warten.

Und zu warten.

Und dann kommen die Zweifel: Gibt es etwas Idiotischeres, als sich in die Sommersonne zu hocken und einem Schildkrötenweibchen auf die Hinterpartie zu starren?

Ich denke nicht. Nach knapp 10 Minuten ist mein Kreislauf im Keller, ich richte mich auf, sehe Schwärze und gleichzeitig Sterne. Das ist nicht gut.

Jetzt nicht umkippen. Nicht hier, nicht im Gehege und schon gar nicht auf die grabende Schildkröte. Ich stütze mich am Zaun auf, stabilisiere mich und meinen Kreislauf, bevor ich einen kleinen Hocker hole. Hilft ja nichts, wenn ich im entscheidenden Augenblick mit Sonnenstich und Kreislaufkollaps im Gehege liege.

Eine Minute später sitze ich bequem hinter Sisi auf einem Stadionkissen auf dem Hocker. So harre ich der Eier, die da kommen sollen. Was immer auch geschehen wird, ich nehme mir vor, nicht

einzugreifen: Nur schauen und fotografieren – ich bin gar nicht hier.

Sieht mich wer?

Nein?

Na also!

Statt der Eier aber kommt wieder Berta, platziert sich erneut direkt vor Sisi. Sie schaut ihr erneut tief und bedeutungsschwer in die Augen. Ich habe keine Ahnung, was das soll. Sisi wohl auch nicht. Mehrmals versucht sie, Berta zu vertreiben, ohne sich jedoch von dem Loch zu entfernen. Das hat mittlerweile die Breite ihres Körpers leicht überschritten. Nur mit extrem gespreizten Hinterbeinen erreicht sie gerade noch die Ränder. Jeder Schritt nach vorne würde sie mit dem Hinterleib in die Grube rutschen lassen. Und das vermeidet sie. Sie schiebt ein paar Mal ihren Kopf nach vorne und stößt Berta an, um sie zu vertreiben.

Aber Berta denkt gar nicht daran sich von ihrer Lieblingsstelle zu entfernen. Daher übernehme ich das. Normalerweise würde ich das nicht tun, aber heute möchte ich alles, was Sisi vom Eierlegen abhalten könnte, unterbinden. Heute will ich zusehen und Bilder machen. Soweit zu meinem Vorsatz, nur zuzuschauen.

Ich erhebe mich langsam ein wenig, um meinen Kreislauf nicht wieder zu provozieren und Sisi nicht zu beunruhigen, greife nach Berta und hebe den Störenfried hinfort.

„Sorry, Lady! Aber das muss sein", erkläre ich Berta, warum sie sich plötzlich in der Luft befindet. „Ich weiß, dass ihr Schildkrötenweibchen in Streit um die besten

Legeplätze geraten könnt. Wenn Sissi nun mal meint, diesen gefunden zu haben, dann soll sie dort ihre Eier ablegen. Sie soll nicht meinen, nur weil du gerade in diesem Augenblick hier vorbei kommst, dass du ihr den Platz vielleicht streitig machen willst und sie ihn verteidigen muss."

Es ist immer wichtig, seinen Kindern zu erklären, warum man etwas tut, wenn man etwas tut. Ob das auch für Schildkröten gilt, wage ich zu bezweifeln, trotzdem hat Berta eine Erklärung verdient, warum sie kurzerhand umgesetzt wurde.

„Vielleicht würde Sissi sogar den Platz kampflos räumen.Das wollen wir doch beide nicht. Oder?"

Gänzlich unbeeindruckt von dieser kurzen Flugreise verdrückt sich Berta ins Gestrüpp.

„ODER?", zische ich ihr scharf hinterher. „Du könntest wenigstens kurz mit dem Kopf nicken und so tun, als ob du damit einverstanden wärst!"

Berta aber straft mich mit Ignoranz und tut, als ob nichts gewesen wäre.

Sisi gräbt unermüdlich weiter, als habe sie von dem ganzen Vorfall nichts mitbekommen. Mit dem linken Bein stützt sie sich ab, mit dem rechten kratzt sie in der Kuhle einen Löffel voll weicher Erde zusammen, die sie dann mit dem Bein aus dem Loch schiebt. Dann wiederholt sich das Ganze mit dem anderen Bein. So geht es Minute um Minute. Immer im Wechsel. Eins rechts – eins links – eins rechts – eins links …

Alle paar Minuten tastet sie das Loch auf Größe und Tiefe ab. Nur reicht es ihr noch nicht, sie muss weitergraben. Eine halbe Stunde ist um – soeben schlägt die Kirchturmuhr zweimal. Wie praktisch, dass Sisi genau um 11 Uhr angefangen hat.

Zwischenzeitlich fährt die Briefträgerin am Zaun vorbei auf das Nachbargrundstück, ein Elektriker kommt kurz darauf und klingelt nebenan. Der Nachbar öffnet. Ich hoffe inbrünstig, dass mich jetzt niemand im Gehege sitzen sieht, zum Zaun kommt und plaudern will, weder die Briefträgerin, noch der Elektriker, noch der Nachbar.

Normalerweise finde ich das sehr

nett, aber jetzt habe ich wenig Lust dazu. Vor allem möchte ich nicht, dass sich der Kreis der Zuschauer um Sisi erweitert und sie vielleicht bemerkt, dass sie gerade das Objekt der Beobachtung ist. Ich selbst unterstelle mir ein amateurhaftes, naturwissenschaftliches, zumindest journalistisch dokumentarisches Interesse, das mich dazu berechtigt, unter Umgehung jeglicher Diskretion die gute Sisi bei dieser sehr privaten Tätigkeit zu beobachten, pauschal aber allen anderen die pure Neugier. Stellen Sie sich bitte vor, Sie würden genau wie Sisi beobachtet, wenn Sie gerade … nein. Das müssen Sie nicht. Ich bin sicher, Sie können das nachvollziehen.

Aber die Gefahr besteht zum Glück nicht: Die Postbotin hat es wie immer eilig, der Handwerker verschwindet wieder und der Nachbar kehrt, ohne mich gesehen zu haben, ins Haus zurück.

Der Glückliche, dort ist es bestimmt angenehm kühl. Hier im Gehege ist es das nämlich nicht. Ich komme trotz mangelnder Bewegung allmählich ins Schwitzen. Eine Kappe gegen die Sonnenbestrahlung wäre klug gewesen, vielleicht noch eine Flasche Wasser. Ausgerechnet in langer schwarzer Hose hier zu hocken, ist vielleicht nicht unbedingt klug.

Aber ich traue mich nicht mehr weg von meinem Beobachtungsposten. Wie ich mein Glück kenne, legt Sisi sicher genau dann die Eier, wenn ich ins Haus gegangen bin, um eine Kopfbedeckung und eine Mineralwasserflasche zu holen und mir eine andere Hose anzuziehen. Also harre ich aus, während sich in meinem Nacken Schweißtropfen bilden und mir die Schulter herunter laufen.

Während Sisi in stoischer Ruhe gräbt, steigt in mir langsam die Ungeduld. Könnte ich nicht ein wenig mithelfen?

Natürlich weiß ich, dass das Blödsinn ist. Trotzdem lasse ich mein Auge über das Gehege gleiten. Ein kleiner Ast wäre schnell gegriffen, ich könnte vorsichtig etwas Erde zwischen ihren Beinen herausziehen um das Ganze zu beschleunigen.

Was für ein Unfug, das birgt erst recht die Gefahr, dass Sisi abbricht. Aber ich bin auch nur ein Mensch und Geduld gehört nicht gerade zu meinen Stärken. Vernunft schon eher, darum lass ich das.

Ein zweiter Störenfried naht, einer, den ich nicht umplatzieren kann. Eine fette Fliege umkreist Sisis Kopf, lässt sich darauf nieder und spaziert munter hin und her.

Muss das sein? Wenn dieses elende Fliegentier dafür sorgt, dass Sisi schließlich doch aufhört, dann setzt es aber was. Ich halte doch nicht 40 Minuten in der Sonne aus, nur damit Sisi den kleinen Schwanz einzieht,

sich davon macht und später vielleicht wieder von vorne anfängt. Abgesehen davon: Ich hab morgen keine Zeit.

Hau endlich ab – Fliegenviech, damisches. Normalerweise reicht es, dass Sisi den Kopf einzieht, damit sich die Fliege verkrümelt, aber heute lässt sie selbst das. Warum?

Soll ich sie vielleicht verscheuchen? Mit der Hand wedeln? Luft in ihre Richtung blasen? Sie mit einem langen Halm verschecken? Der Gedanke liegt nahe. Aber würde Sisi das möglichweise als eine Bedrohung ihrer selbst statt als freundliche Aufmerksamkeit meinerseits fehlinterpretieren?

Weiß man, wie nervös sie im Moment ist?

Nein. Ich zumindest weiß es nicht.

Es hilft nichts. Irgendwann wird die Fliege die Biege machen.

Als die Kirchturmuhr dreimal schlägt, sitze ich eine geschlagene Dreiviertelstunde lang hinter Sisi und studiere noch immer die Bewegungsabläufe ihres Grabens.

Dann endlich tastet sie die Grube ein letztes Mal ab, spreizt die Beine zu den beiden Grubenrändern und balanciert sich aus. Der kleine Schwanz hängt unmittelbar über dem Loch. Sisi rührt sich nicht mehr.

Die Kamera ist in Position. Sisi, du kannst loslegen.

Es dauert einen kleinen Moment, der Schwanz verdickt sich kurz, geräuschlos gleitet in Sekundenschnelle das erste Ei heraus und fällt in die Grube. Nicht das leiseste Plopp ist zu hören. Behutsam schiebt die Schildkröte das Ei unter sich nach vorne an die tiefste Stelle, sie positioniert es hinten in der Ecke und schiebt mit dem linken Fuß etwas Erde neben das Ei. Wie ein Wilder drücke ich auf den Auslöser meiner Handykamera und ärgere mich, dass ich nicht wie bei einer Spiegelreflexkamera gleich ein halbes Dutzend Fotos in der Sekunde schießen kann. Es dauert zu lange, bis Handy oder Minikamera wieder fotobereit sind.

Dann kommt das Zweite und nur wenige Minuten später das Dritte.

Jedes einzelne Ei wird exakt platziert.

Beim nächsten Ei werde ich filmen, statt Fotos zu machen. Bilder habe ich mittlerweile genug. Aber als Sisi noch einmal kräftig drückt, kommt an Stelle eines weiteren Eis der Darminhalt, der ebenfalls in die Grube plumpst, aus der Kloake. Das hätte es jetzt nicht gebraucht – und gefilmt schon gleich zweimal nicht.

Ich weiß nicht, ob das eine adäquate Gelegebeigabe ist, ob das normal ist oder nicht. Auf jeden Fall aber schiebt sie den Kot dicht an die Eier heran, bevor sie einen kleinen Moment Pause macht. Ich nehme mir vor, andere Schildkrötenhalter zu fragen, ob das Verhalten normal ist und sie das auch beobachtet haben oder ob das reiner Zufall ist. Derweil hat sich Sisi wieder an die Arbeit gemacht. Sie beginnt, die Grube zu schließen.

Vorsichtig zieht sie – wieder abwechselnd mit beiden Füßen – die Erde wieder zurück. Sie verdichtet die ersten Erdbrocken neben den Eiern, dann geht es auf einmal ganz schnell. Keine fünf Minuten später ist die Grube wieder zu.

Wahnsinn.

Als das Zwölfuhrgeläut einsetzt, ist auf dem Legehügel nichts mehr von dem zu sehen, was Sisi dort eine Stunde lang getrieben hat. Das nenne ich Präzision. 60 Minuten hat das ganze gedauert.

Ich bringe die Kameras ins Haus, kippe mehrere Gläser Wasser in mich hinein und verschicke schnell eines der Fotos. Außerdem erlaube ich mir, ein Bild der herumeiernden Sisi in die sozialen Netzwerke zu stellen.

Eine Viertelstunde später mache ich mich auf zum See. Als ich am Gehege vorbei komme, ist Sisi zwischen den Pflanzen verschwunden. Jetzt thront Berta oben auf dem Hügel in der Sonne. Ist sie die Nächste, die Eier legen wird?

Die Eier werde ich später ausgraben und vernichten. Ich halte es weder für klug noch für verantwortungsvoll, sie auszubrüten, so lange ich weder die Zeit noch den Platz dazu habe, mich um die kleinen Schildkröten so zu kümmern, wie sie es verdienen. Außerdem gibt es genug Tiere auf den Markt, da muss ich nicht auch noch welche beisteuern, denn behalten kann ich die Nachzuchten aus Platzgründen ohnehin nicht.

Diese Stunde Verzögerung hat sich gelohnt – nicht nur der 100 Fotos wegen. Dass die Akkus der Unterwasserkamera und des Handys leer sind, nehme ich dafür gern in Kauf. Was soll's? Ich kann sie auf der Fahrt im Auto am Zigarettenanzünder zumindest teilweise aufladen.

Das Beste aber ist: Dieses Jahr kann ich ganz entspannt in Urlaub fahren.

Nach Griechenland. Der Schildkröten wegen. Warum auch sonst?

12

DIE ERSTE HAT DIE ARSCHKARTE

Juli 2017

Euböa – nicht nur der Schildkröten wegen … das klingt gut.

Ich sitze auf einer Schildkrötentagung in Salzburg und lausche zunehmend begeistert einem Vortrag von Hugo Müller zu diesem Thema. Der Referent erzählt von seinen Reisen auf die griechische Insel Euböa, der unter diesem Titel angekündigt wurde. In mir reift der Gedanke: „Da will ich hin!“

Was heißt wollen?

Da muss ich hin.

Schildkröten, so erzählt der Referent, findet man dort auf Schritt und Tritt. Hastig notiere ich die Orte, die er erwähnt und merke mir ihre Lage auf der Landkarte, die er auf dic Lcinwand projiziert.

Kaum wieder daheim buchen wir eine Reise nach Euböa. Nicht nur der Schildkröten wegen, da gebe ich dem Referenten recht.

Meine Frau und ich wollen Strandtage verbringen, etwas wandern, gut essen und vielleicht den einen oder

anderen antiken Ort besuchen – und ich will möglichst viel in der Ägäis schwimmen.

Trotzdem soll die Beobachtung von Schildkröten in ihren natürlichen Ursprungsgebieten ein zentraler Bestandteil der Ferien darstellen. Ich kann später ja schlecht behaupten, ich sei auf Schildkrötenexkursion gewesen, wenn ich mich den ganzen Tag am Strand, in Bars und Cafés oder in antiken Ruinen herumtreibe.

Dass man auf Euböa Schildkröten finden kann, bestätigt mir auch der Vermieter des Ferienhauses, als er mir per E-Mail alle wichtigen Informationen zukommen lässt, dazu ein paar Tipps und mich fragt, ob ich noch irgendetwas wissen will.

„Ja – ich hätte da eine vielleicht etwas eigenartige Frage. Aber gibt es dort Schildkröten? Und wenn … wo?"

Als sei die Frage das natürlichste auf der Welt schickt mir der Mann umgehend ein Foto von einem Tier, das er in der Nähe seines Hauses am Straßenrand aufgeklaubt hat. Man könne sie öfter am Straßenrand sitzen sehen, aber meistens müsse man sie suchen, schreibt er mir. Er verrät mir ein paar Tricks, wie das geht.

Ein ganz heißer Tipp: Man müsse unter den Büschen suchen. Der Mann kann ja nicht wissen, dass ich selbst Schildkröten im Garten habe und geraume Zeit, die ich mit meinem Hobby verbringe, geht dafür drauf, genau das zu machen: Schildkröten unter irgendwelchen Sträuchern suchen.

Andererseits kann ich ein paar Tipps immer gebrauchen. Bekanntlich sind meine Fähigkeiten eher dürftig, davon haben Sie ja bereits gelesen. Also lasse ich mir bereitwillig weitere Informationen zukommen.

Beim Hochheben solle ich besonders aufpassen, empfiehlt er mir. Denn es kann ganz schnell passieren, dass sie einen vor lauter Schreck anpinkeln. Um nicht als Besserwisser zu gelten, bedanke ich mich für den Rat und tu so, als ob das gänzlich neu für mich wäre. Ich kann schlecht antworten, dass ich genau diesem Verhalten ein ganzes Kapitel

eines Buches widmen werde. Was würde der Mann dann von mir denken? Am Ende hält er mich für dermaßen skurril, dass er uns sein Feriendomizil doch nicht überlässt.

Aufpassen solle ich auf jeden Fall, kommt abschließend der gute Rat, auf die Schlangen. Die meisten wären harmlos, aber diese eine, von der er den Namen nicht weiß, die wäre giftig. Das würde ganz schön schmerzhaft sein, wenn die zubeißen. Da könnte ich gleich nach Karystos ins Krankenhaus fahren.

Ich hake nach, er meint den Biss der Hornotter. Ja, versichere ich, die Art erkenne ich. Außerdem gehe ich grundsätzlich nur mit festen Schuhen durchs Gestrüpp. Noch nie hat mich eine Schlange beim Schildkrötensuchen gebissen. Die meisten nehmen gleich Reißaus, wenn sie mich beim Heranstapfen wahrnehmen. Auf Euböa wird das nicht anders sein – und von einer Hornotter halte ich mich fern, wenn ich sie sehen sollte, was allerdings nicht der Fall sein wird. Ein paar Östliche Eidechsennattern werde ich in diesem Urlaub sehen und beim Sonnenbaden stören.

Auch ein Biss dieser Schlangen ist nicht angenehm, aber ich habe im Gelände grundsätzlich festes Schuhwerk an. Das jedenfalls versichere ich dem Vermieter.

Juli ist eine denkbar schlechte Reisezeit, um Schildkröten suchen zu gehen – viel zu heiß, viel zu trocken, die Tiere befinden sich die meiste Zeit in ihren Verstecken. Das weiß ich alles, aber berufliche Gründe lassen uns in diesem Jahr keine andere Wahl, als im Hochsommer ans Mittelmeer zu reisen. Ich gebe mich der Hoffnung hin, trotzdem welche zu finden. Außerdem ist es spannend, die Habitate in der Zeit zu besuchen, in der bei uns zwar auch die meisten Sonnenstunden in den Klimadiagrammen stehen, gleichzeitig aber zusammen mit dem Juni die höchsten Niederschlagsmengen – zumindest gilt das für meine Heimatregion, also Bayern.

Es sprießt und wächst daheim, alles ist grün, nachdem auf die große Hitzewelle eine Regenperiode eingesetzt hat. Meine Schildkröten leben wie im ewigen Frühling, Futter gibt es im Gehege momentan wieder mehr als genug.

Und auf der Südspitze Euböas? Wie schaut es dort aus, vor allem nach dieser Hitzeperiode, in der es tagelang in Griechenland über 35 °C warm war? Ich erwarte nichts als trockene Erde und verdorrte Pflanzen. Trotzdem will ich Schildkröten sehen. Reichlich viele und zwar sofort.

Ich weiß, dass das illusorisch ist. Das ändert aber nichts daran, dass ich noch am Flughafen von Athen, direkt nach der Landung in den Exkursions-Modus verfalle. Noch während wir auf den Schnellbus warten, der uns vom Flughafen nach Rafina zur Fähre bringen soll, bemerke ich: „Schon eine Stunde in Griechenland. Noch immer keine Schildkröte gesehen. Blöder Urlaub!"

Meine Frau verdreht nur kurz die Augen, was soll sie auch zu diesem Unfug sagen? Eine französische Familie, die auch auf den Bus wartet und deren Kinder herumtoben, missversteht ihren Blick und entschuldigt sich für den Radau der Kleinen. Es ist zu kompliziert, zu erklären, dass es um ganz etwas anderes geht. Belassen wir es dabei.

Ich muss mich beherrschen, bei der Busfahrt nicht fortwährend aus dem Fenster zu blicken und den Straßenrand nach Schildkröten abzusuchen, was ebenfalls völliger Unfug ist. Wir umrunden Athen und fahren durch dicht besiedelte Ortschaften. Aber selbst wenn ich eine sehen würde, was würde es nützen? Ich kann schlecht den Bus zum Halten zwingen, nur weil eine Schildkröte am Straßenrand sitzt, ich meine Kamera auspacken und das Tier fotografieren will.

Trotzdem wächst meine Unruhe. Als am Spätnachmittag die Fähre in Marmari auf Euböa anlegt, wo der Mietwagen auf uns wartet, stehen keineswegs Schildröten Spalier, um uns zu begrüßen. Nur der freundliche Autovermieter.

Sechs Stunden in Griechenland – noch immer keine Schildkröte gesehen. Das kann ja wohl nicht wahr sein.

Ist es aber. Und so wird es vorerst bleiben. Ich muss mich auf der ersten Fahrt zum Ferienhaus auf die Straße mitsamt der vielen Schlaglöcher und Steine konzentrieren. Da bleibt keine Zeit, nach irgendwelchen Tieren am Rand zu

spähen. Natürlich hoffe ich insgeheim trotzdem, dass spätestens hinter der nächsten Kurve eine ausgewachsene Breitrandschildkröte am Straßenrand hockt, idealerweise hat sie genau auf mich gewartet. Aber anders als bei ihren sardischen Artgenossen ist dem nicht so. Als wir dort waren, saßen sie rings um Tempio Pausania wie dicke Steine überall am Wegrand und wir konnten ihnen höchst begeistert über die Straße helfen. Hier aber liegen am Straßenrand nur echte Steine, die aber reichlich. Ich rufe noch mal kurz in Erinnerung:

Alles, was von Ferne aussieht wie ein Stein, ist auch ein Stein.
Alles, was von Ferne aussieht, wie eine Schildkröte, ist trotzdem ein Stein … und so weiter.

Die einzige Schildkröte am Straßenrand werden wir einen Tag später sehen, längst gerettet von anderen deutschen Touristen, die das Tier umlagern.

Am ersten Abend fesselt die phantastische Aussicht auf die Bucht von Karystos meinen Blick, die Müdigkeit ist überwunden und das erste Glas griechischer Wein wärmt mein Gemüt. Am nächsten Tag aber, dem ersten richtigen Urlaubstag, erlaube ich mir morgens noch vor dem Frühstück einen ersten, kleinen Rundgang in der Abgeschiedenheit der Halbinsel. Hatte nicht im bereits zitierten Taschenlexikon, den ich wieder im Gepäck habe, gestanden, dass man Breitrandschildkröten in den Sommermonaten am besten morgens oder spätnachmittags findet?

Hoffe ich deshalb, Schildkröten zu finden?

Natürlich. Obwohl das Ansinnen unsinnig ist – zu schroff, zu karg, zu kühl ist es auf dem Berg. Noch nie habe ich in einer solchen Steinwüste, in der nur ein paar Dornensträucher wachsen, Tiere gefunden. Erst später werde ich feststellen, dass das wieder eine Fehleinschätzung war, dann nämlich, als ein properes Landschildkrötenweibchen schnurstracks durch den Garten unseres Ferienhauses spaziert. Von wo, wenn nicht von dem kargen Felshang auf der anderen Straßenseite kann sie hergekommen sein?

Ich bin seit etwas mehr 20 Stunden auf der Insel – es wird allerhöchste Zeit, dass ich eine Schildkröte finde. Einen Moment spiele ich mit dem ketzerischen Gedanken, gegenüber vom Ferienhaus im Gestrüpp Melonenscheiben auszulegen. Ich könnte es wie ein Angler machen. Ich locke die Tiere ein paar Tage mit begehrtem Futter an.Dann schlage ich zu. Das klingt zwar nach einer Möglichkeit, aber besonders intelligent wäre das nicht. Es geht zu Lasten der wildlebenden Schildkröten, die nicht mit Melonen gefüttert und an feste Futterstellen gewöhnt werden sollten. Nach 30 Minuten kehre ich unverrichteter Dinge um.

21 Stunden im Land, davon 30 Minuten gesucht und nichts gefunden,

Unfassbar. Dem nächsten, der erzählt, man finde sie auf Schritt und Tritt, brülle ich ein zorniges „Fake News“ entgegen.

Nach dem Frühstück geht es nicht in die Macchia sondern ans Meer, wir sind schließlich nicht nur der Schildkröten wegen hier. Aber ich bleibe im Expeditionsmodus, verstohlen suche ich mit meinen Augen den Strand nach Sepiaschulp, den ich meinen Tieren mitbringen kann, ab. Finden tu ich allerdings nichts.

Als wir gegen Mittag zum Ferienhaus zurückkehren habe ich nach 24 Stunden nichts vorzuweisen. Keine Schildkröten, keine Sepia, gar nichts. Dieser Urlaub kann ja nur ein Drama werden.

Meine Frau legt sich zu einem Mittagsschläfchen nieder. Ich kündige an, mich noch einmal aufzumachen, noch einmal will ich mein Glück versuchen. Außerdem will ich in einer anderen Bucht, die wir vom Balkon aus sehen können, ein wenig schwimmen.

Mein erstes Ziel ist ein ausgetrocknetes Flussbett seitlich der Straße, ein paar Kilometer entfernt. Ich habe es bereits bei der Fahrt zum Strand entdeckt und möchte ihm gern folgen.

Es ist völlig idiotisch, was ich da mache: Ganz abgesehen, dass es die falsche Zeit ist, mittags unter der sengenden Sonne auf Suche zu gehen, kraxle ich in kurzen Hosen und mit Turnschuhen durch die Landschaft. Wie man eben zum Strand geht, aber nicht ins Gelände. Von wegen: Ich schau mich nur kurz um. Von wegen: Ich hab immer feste Schuhe und eine lange Hose an.

„Nur noch 100 Meter“, sage ich mir mehr als einmal auf dem Weg. „Und wenn ich dann keine Schildkröten gefunden habe, dann kehre ich um und schaue woanders.“

Und so kommen hundert um hundert um hundert Meter zusammen. Hier noch, da noch, dort noch …

Schnell sind die Beine durch die vertrockneten Disteln zerkratzt. Schnell tauchen die ersten kleinen Blutstropfen auf den Unterschenkeln auf. Was stapfe ich Idiot durch dorniges Gestrüpp? Selbst Schuld. Aber das ausgetrocknete Flussbett scheint mir gar zu gut als mögliches Schildkrötengelände. Wenige Meter Grünstreifen winden sich den Hang hinauf, links und rechts davon ist es Mitte Juli ausgedörrt und vertrocknet. Eine regelrechte Steinwüste. Hier aber wachsen Oleander, Salbei, Eberwurz und sonstiges dorniges Zeug, das ich nicht kenne. Nur von Schildkröten ist nichts zu sehen. Schon wieder nicht. Es ist doch immer das Gleiche.

Es wäre Zeit, mir in Erinnerung zu rufen: „Alles, was von Ferne aussieht wie eine Schildkröte, ist …"

Ach – halte die Klappe!

Immer weiter geht es durch den Sand und über die Steine des ehemaligen Flüsschens.Ich werde immer genervter.

„Wenigstens eine Schildkröte. Nur eine“, zische ich. „Das wäre echt fair.“

Dass es welche hier geben muss, weiß ich ja. Ihre Hinterlassenschaften liegen überall.

„Und ja“, bestätige ich mir selbst. „Das ist Schildkrötenscheiße. Die werde ich wohl noch erkennen.“

Und wo die ist, müssen Tiere sein. Nur lassen sie sich nicht blicken.

Einige hundert Meter von der Straße entfernt liegen Berge sonnengebleichter Knochen von Ziegen zwischen den Steinen. Etwa ein Dutzend Tiere muss hier zu Tode gekommen sein, warum auch immer. Einen Schädel drapiere ich auf einem Felsen und mache ein paar Bilder. Wenigstens etwas will ich heute fotografieren.

Dann kehre ich missmutig um.

Weißes blitzt mir vom Boden entgegen. Schalen von Schildkröteneiern. Wer sagt es denn?

Reste eine Geleges.

Wo die sind, müssen Tiere sein.

Nur finde ich keine, so sehr ich auch suche.

„Los, kommt raus aus Euren Verstecken. Wenigstens eine!“

Nichts rührt sich.

Die Laune sinkt, ich kehre um. Kurz bevor ich aber wieder beim Mietwagen bin, entdecke ich doch noch eine kleine Breitrandschildkröte. Verwegen hockt sie am Rand des ausgetrockneten Flussbettes und starrt mich unbeteiligt an, als wolle sie sagen: „Ich bin doch hier, du Depp. Mach halt die Augen auf.“

Hat sie mich gerade „Depp“ genannt?

Schlagartig hebt sich die Laune ins Euphorische. Ich könnte jubeln, die ganze Welt umarmen und an mein verschwitztes T-Shirt drücken.

„Jetzt bist du fällig“, rufe ich

vergnügt und nehme den Objektivdeckel von der Kamera.

Diese Schildkröte hat die Arschkarte. Es ist wie in jedem Urlaub, das erste gefundene Tier fotografiere ich auf Teufel komm raus: Von vorne, von hinten, von der Seite… ich kann gar nicht damit aufhören. 70 Fotos entstehen von dem Tier, dazu jede Menge Bilder von der Landschaft, in der ich sie gefunden habe. Man weiß nie, wofür man die später gebrauchen kann. Vielleicht werde ich später einen Vortrag über Euböa halten. Auf jeden Fall aber brauche ich Bilder für die Geschichte *Die Erste hat die Arschkarte* im Buch *Manchmal sind es Goldstücke*. Denn natürlich habe ich in meinem Hinterkopf während der zuvor erfolglosen Suche bereits die ersten Sätze für diese Story formuliert.

Die Schildkröte nimmt meinen hysterischen Fotografierwahn eine Zeitlang gelassen hin. Dann aber marschiert sie sichtlich genervt davon. So hatte sie sich das nicht gedacht. Ein gemütlicher Nachmittag in der Sonne und dann kommt da so ein Irrer und macht Stress, rennt um sie herum, macht Schatten, wirft sich auf die Erde, hockt auf allen vieren. Das ist sie nicht gewohnt. Was will der? Warum stört der?

Besser, sie macht einen schlanken Fuß.

Ich hinterher.

Weitere 30 Bilder entstehen und viele weitere Schrammen an den nackten Beinen.

Depp?

Ja. Es ist ja nicht so, als ob nicht eine stabile Hose und Wanderschuhe im Ferienhaus liegen. Aber wozu? Ich wollte nur ein wenig schauen.

Wer keine Beziehung zu Schildkröten hat, mag dieses Verhalten als merkwürdig ansehen, aber wohl jeder, der Schildkröten hält und in die Ursprungsländer reist, um sie dort in freier Wildbahn zu beobachten, wurde schon einmal gefragt, warum man stundenlang durch die Landschaft läuft und nach den Tieren sucht, die man daheim im Garten hat.

„Da musst du nur die Haustür aufmachen, zwei drei Schritte, dann kannst du stundenlang Schildkröten beobachten und ganz bequem hundert Fotos machen. Oder noch mehr!“

Klar kann man das. Aber es ist eben nicht dasselbe, was zu erklären aber aussichtslos oder zumindest mühselig ist.

An Schwimmen ist jedenfalls am ersten Urlaubstag nicht mehr zu denken. Ich will mir die Bilder auf dem Laptop ansehen. Nach 27 Stunden in Griechenland habe ich rund 100 Schildkröten-Fotos auf der Speicherkarte. Alle von demselben Tier.

Ein Anfang ist gemacht.

Auf dem Rückweg nehme ich den abgelegenen Strand, an dem ich schwimmen wollte, kurz in Augenschein. Er erweist sich zuerst als große Enttäuschung: Zu viel angeschwemmtes Zeug liegt da herum: Treibholz, Taureste, Kanister, ein Stück Netz, dazu jede Menge Zivilisationsmüll, der wohl gerne an den sogenannten abgelegenen, einsamen, malerischen Stränden zurückbleibt und von niemandem weggeräumt wird. Leere Flaschen, Plastiktüten, ein Flip-Flop, eine zerrissene, alte Kühltasche und anderer Unrat zeugen davon, dass er so abgelegen gar nicht ist, wie er ausschaut.

Und das Weiße da im Sand?

Ich werde närrisch: Sepiaschulp.

Und da noch ein Stück

Und noch eines.

In allen Größen und in rauen Mengen finde ich die Rückenskelette der Meeresbewohner. Dazu jede Menge Bruchstücke. So viel ich davon tragen kann, klaube ich zusammen und schleppe die Beute zum Mietwagen. Eine Tüte voll wird's schon sein. Die ersten Mitbringsel sind beschafft, meine sechs *Goldstücke* werden sich sicher darüber freuen, auch wenn sie mich wohl kaum mit Dankbarkeit für diese großartigen Mitbringsel überhäufen werden. Aber so ist das eben. Undank ist der Welt Lohn. Kennt man ja nicht anders.

Als ich ins Ferienhaus zurückkomme, bilanziere ich: Wir können abreisen. Ich bin in der Ägäis geschwommen, habe Schildkröten gesucht, eine gefunden und fotografiert, ich habe griechischen Wein getrunken, Tsatsiki gegessen, Schulp gesammelt und Stoff für dieses Buch für mindestens ein Kapitel. Nämlich das, was Sie soeben erfolgreich hinter sich gebracht haben.

Alles erledigt. Am ersten Tag. Ein großartiger Urlaub. Ab nach Hause …

Halt Stopp. Da fehlt noch was.

Schnell mache ich noch Fotos von meiner Frau auf der Terrasse. Sonst heißt es wieder, ich würde im Urlaub sowieso nur Schildkröten fotografieren.

13

MERCİ BEAUCOUP, SİMONE

Juli 2017

Simone ist eine höchst charmante Französin etwa in meinem Alter. Seit vielen Jahren lebt sie in Griechenland und verdient sich ihren Lebensunterhalt unter anderem als Wanderführerin. Hauptsächlich vom Frühjahr bis zum Herbst führt sie am Wochenende ausländische Touristen durch Euböas wunderschöne Landschaft.

„Wandern", erklärt sie uns bei einer ebensolchen, „ist in Griechenland kein besonders beliebter Sport. So lange ist es noch nicht her, dass die meisten Griechen sich ein Auto leisten können. Daher wird jeder Weg im Wagen zurückgelegt. Niemand geht zu Fuß, alle müssen zeigen, dass sie ein Auto haben. Alles andere wäre ein Zeichen von Armut."

Früher habe man schließlich immer zu Fuß gehen müssen. „Aber so langsam kommt bei der jüngeren Bevölkerung das Interesse am Wandern zurück."

Wir lernen Simone auf einer geführten Wanderung vom Mount Ochi durch die Dimosari-Schlucht kennen.

Sie führt eine Gruppe Deutscher, Franzosen, Griechen, Niederländer und Amerikaner durch die Schlucht hinunter nach Kallianos. Als Individualtourist lässt sich diese Wanderung kaum machen, ein alter, klappriger Reisebus karrt uns eine Stunde lang über ausgewaschene Schotterpisten hinauf auf den Berg. Während wir talwärts laufen, macht der Busfahrer kehrt, umfährt den Höhenzug und wird uns später auf der anderen Seite des Berges direkt am Strand wieder einzusammeln und nach Karystos zurückzubringen.

Bei einer Pause der Wandergruppe komme ich mit Simone ins Gespräch. Die meisten anderen sind zur Abkühlung in den Fluss gestiegen, ich nicht. Simone fragt, warum nicht.

„Wenn ich den Bergstiefel jetzt ausziehe, dann fällt er ganz auseinander." Ich zeige auf die Sohle meines Schuhs, die sich langsam verabschiedet. „Spätestens wenn ich die Schuhe wieder anziehe, ist die Sohle ab." Die Spitze der Sohle wird ohnehin nur noch von strammen Gummibändern am Schuh gehalten.

Simone zückt ein starkes Klebeband aus ihrem Rucksack. Das hat sie immer dabei – genau für solche Fälle. Sie reicht es mir, ich umwickle den Schuh damit und hoffe, dass es die letzten Kilometer halten wird, am Strand angekommen werde ich dann die Schuhe wegwerfen.

Während wir plaudern erfahre ich, dass sie die Gegend wie ihre Westentasche kennt. Auch wenn sie keine geführten Wanderungen leitet, ist sie dauernd auf Schusters Rappen unterwegs. Kann es jemand besseren geben als Simone, um sich zu erkundigen, wo man im Süden Euböas Schildkröten finden könne? Nach den ersten Erfolgen am Beginn des Urlaubs blieben die weiteren Suchaktionen nämlich ergebnislos.

Aber Simone weiß Rat und hat ein paar heiße Tipps. Super.

Zunächst erklärt sie mir, dass es an Land zwei Arten gäbe: „The big black turtles and the black-yellow smaller ones", womit sie die Breitrandschildkröten als die großen, schwarzen und die Griechischen Landschildkröten als die kleineren schwarz-gelben bezeichnet. Den englischen Unterschied zwischen Tortoises für Land- und Turtles für Sumpf-, Wasser- und vor allem Meeresschildkröten nehmen wir nicht so genau. Hier heißen ohnehin alle χελώνα.

Überhaupt weiß sie relativ viel über die einheimischen Tiere. Mich beschleicht ein wenig die Scham, bei dem Gedanken, ein ausländischer Wanderer würde mich bei uns daheim fragen, wo, und vor allem wie man bei uns Eichhörnchen finden oder wo man mitten im Sommer Kreuzkröten beobachten könne.

Hier in der Dimosari-Schlucht sei das ziemlich aussichtslos, auf der Nordseite vom Ochi habe sie noch nie welche gesehen, aber auf der anderen Seite gäbe es ganz viele. Wir sollten unser Glück auf jeden Fall bei den Kylindri oberhalb von Karystos versuchen. Sie beschreibt mir, wo das ist und verspricht, mir nach unserer Rückkehr in den Ort den Weg noch einmal genau zu erklären. Und sie hält Wort.

Als der Bus die Wanderer abgesetzt hat, führt Simone uns in das kleine Reisebüro, in dem wir die Tour gebucht hatten. Sie lässt sich einen Stift und ein Blatt Papier geben und zeichnet eine Skizze mit dem Weg zu einem uralten Steinbruch, in dem vor rund 1.800 Jahren die alten Römer Marmor geschlagen haben. Verwundert und interessiert schaut die griechische Inhaberin ihr zu, wie Simone einen Hochspannungsmast, einen Zaun und eine Wegkurve zeichnet, dort ein paar Kreise hinzufügt und durchnummeriert. Sie runzelt fragend die Stirn. Simone erklärt uns die Karte. Sie weist auf die Kreise.

„Turtle 1“, lacht Simone. „Turtle 2 and Turtle 3“.

So sagt sie mir, dass ich drei Schildkröten finden werde.

Der Inhaberin des Reisebüros muss sie erklären, dass ich Interesse habe, freilebende Schildköten zu finden, was diese ziemlich sonderlich findet. Ich frage Simone im Scherz, ob sie sicherstellen könne, dass die Tiere da oben seien und sie nickt.

„Sure! When will you go to the quarries and the cliffs?“, hakt sie nach. Sie will wissen, wann genau wir beabsichtigen, zu dem alten Steinbruch und den Klippen hinaufzusteigen. Es scheint fast, als plane sie, zwei Stunden vorher vor Ort zu sein, um einige Tiere, die sie selbst vorher gesucht hat, für mich leicht auffindbar am Wegrand zu arrangieren.

Das ist genau mein Humor. Ich mag die Frau.

„Maybe Tuesday morning. But very early. Before it will be too hot

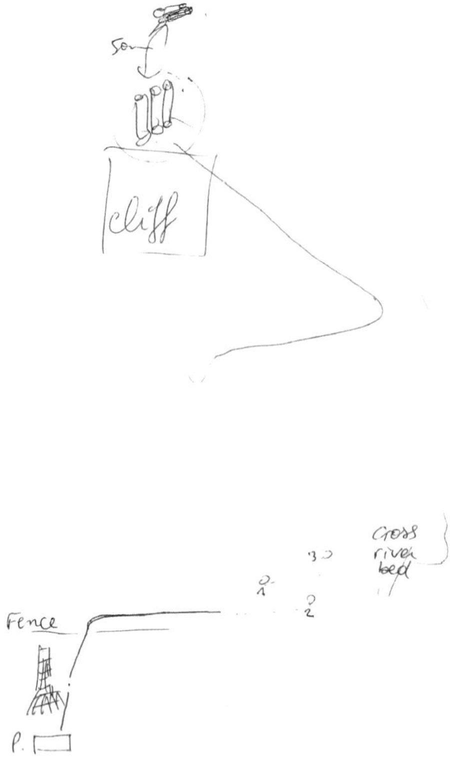

outside", antworte ich. „For us – and for the animals." Also wahrscheinlich am Dienstag gleich in der Früh, bevor es für uns zu heiß wird – und auch für die Schildkröten.

Noch einmal frage ich im Scherz, ob sie die Fundplätze korrekt eingezeichnet hat. Ich will es genauer wissen.

„This one ...", ich zeige auf den Punkt, den sie als Turtle No. 3 markiert hat. „Is it a big black one?" Eine große Marginata zu finden, wäre traumhaft.

„Sure", bestätigt sie. „Sicher doch."

Klar handelt es sich um eine Breitrandschildkröte; eine besonders große sogar: "A very large one".

„Male or female?", erfrage ich das Geschlecht des Tieres.

„Female", sagt sie vollkommen überzeugt. Wer wollte ihr nicht glauben?

„Perfect!" Ich bin begeistert. Ich werde ein großes, altes Marginata-Weibchen finden. Jetzt kann nichts mehr schief gehen.

Als ich ihr erzähle, dass solche Tiere bei uns daheim sehr wertvoll sind, wenn sie Eier gelegt haben, will sie meinen Worten kaum glauben, ihre Chefin erst recht nicht. Beide erzählen, dass das Sammeln der Schildkröten früher üblich war, und die Tiere an Urlauber verkauft wurden. Heute aber ist das strikt verboten.

Simone schreibt mir schnell noch ihre Handynummer auf, bevor wir uns verabschieden. Sie zwinkert mir zu, als wolle sie mir ein weiteres Mal zu verstehen geben, sie rechtzeitig zu informieren, wenn wir zu dem Steinbruch, den alten Säulen und den Cliffs wandern, damit sie genug Vorlauf hat, alles Notwendige zu arrangieren.

Ich falte den Plan sorgsam zusammen und stecke ihn in meine Tasche. Ein wenig erinnert er mich an eine Seeräuberschatzkarte aus den Abenteuergeschichten meiner Kindheit. Hätte sie die Ecken leicht

abgeflammt und die Schildkröten mit geheimer Tinte eingezeichnet, die nur über dem Rauch einer Kerze sichtbar wird, hätte es mich nicht gewundert.

Aber ich bin ganz dankbar, dass sie nur einen Kugelschreiber genommen hat.

Danke, Simone, merci beaucoup.

Natürlich halten wir uns nicht an die Absprachen und verständigen Simone keineswegs, als wir zu den Steinbrüchen, antiken Säulen und Cliffs hinauf steigen. Das wäre wohl zu albern gewesen. Also kann sie sich nicht vor uns auf den Weg machen und ein paar Tiere platzieren. Schnell kommen wir dahinter, dass das ein Fehler war …

Früh morgens starten wir oberhalb des Dörfchens Mili, dort, wo wir auf Simones Empfehlung hin unser Auto abstellen sollen. Der Hang vor uns liegt im Schatten. Das zweite Frühstück haben wir im Gepäck, das wird es später oben bei den antiken Säulen geben. Ein schmaler Pfad führt den Berg hinauf, es ist ein gut gekennzeichneter Wanderweg, rote Kringel und Pfeile auf dem Boden leiten uns durch kniehohes Gestrüpp und Ziegenweiden schräg zum Hang immer weiter hinauf. Die Augen suchen bei jedem Schritt, den wir tun, unaufhörlich das Gelände ab.

Wir passieren den eingezeichneten Hochspannungsmast, durchqueren einen Zaun und ein ausgetrocknetes Flussbett, ein kleines Steinplateau und einen Kamm. Die Wegkurve. Von Turtle 1 ist nichts zu sehen. Von Nr. 2 auch nichts – schon gar nicht das angekündigte Marginata-Weibchen. Alles Betrug. Wusste ich's doch. Auf nichts und niemanden kann man sich verlassen. Außer auf meine Unfähigkeit, Schildkröten in den Habitaten aufzuspüren.

Nach ausgiebiger Suche entscheiden wir uns, weiter zu den Kylindri hinaufzusteigen.

Immer wieder hören wir das dumpfe Läuten der Glocken, die den im Hang grasenden Ziegen um den Hals gehängt wurden. Das Läuten wird lauter. Wir nähern uns einer Herde und stehen plötzlich mehr oder weniger mittendrin. Einige Ziegen nehmen Reißaus, einige zeigen sich gänzlich unberührt von unserer Gegenwart. Vor allem ein beeindruckend großer Ziegenbock, der sich gerade direkt vor mir einer Geiß mit mehr als eindeutigen Absichten genähert hat, denkt gar nicht daran, den Schwanz einzuziehen und abzuhauen. Im Gegenteil. Erst kommt das Vergnügen, dann die Flucht.

Andere Ziegen starren neugierig von den Felsen auf uns herab.

Unsere unverhoffte Anwesenheit findet der Hütehund wenig amüsant. Wild bellend kommt er auf uns zugestürmt. Jetzt sind wir in der Zwickmühle: Vor uns befindet sich der Ziegenbock im Stadium höchster Erregung, hinter uns der bellende Hund, nicht weniger erregt. Wenn auch aus anderen Gründen. Das ist der Moment, in dem wir uns fragen, warum wir nicht um diese Uhrzeit auf der Terrasse des Ferienhauses sitzen und gemütlich frühstücken. Wie man das eben macht als Urlauber …

Die Situation ist nicht gerade erholsam. Warum hat uns Simone nicht vorgewarnt? Warum sind der Hund und die kopulierenden Ziegen – immerhin wichtige Details – nicht auf der Karte eingezeichnet?

Zwar macht der Hund nur seinen Job, aber es ist kein Schäfer da, der ihm sagt, dass er gefälligst die Schnauze halten und verschwinden kann: „Das sind nur Wanderer, die tun nichts. Die wollen nicht mal spielen“. Der Hund allerdings will das auch nicht und mein Griechisch reicht bei weitem nicht aus, um ihm klar zu machen, dass uns die Ziegen nicht interessieren. Wir suchen Schildkröten und wollen zu den alten Säulen. Mehr nicht.

Deshalb bellt er so lange und kommt bedrohlich näher, bis der Ziegenbock endlich sein Begattungswerk vollzogen hat, sich samt holder Geiß davon und uns den Weg frei macht. Als die letzten Ziegen schließlich im wilden Gerenne quer über dem Hang verschwinden, hat er seine Schuldigkeit getan und kann gehen. Was er auch tut.

Etwa eine Stunde dauert der Aufstieg von Mili zu den riesigen Kylindri. Jetzt erst mal Pause, Brotzeit und Fotos, dann geht es den Weg zurück, den wir gekommen sind.

Von Schildkröten ist auch an den Säulen nichts zu sehen – gar nichts. Mittlerweile ist die Sonne über den Berg gestiegen und heizt den Hang auf. Das wäre der späteste Zeitpunkt nach Schildkröten Ausschau zu halten. Aber sie zeigen sich nicht. Nicht eine.

Dass es hier aber welche gibt, weiß ich. Nicht nur Simone hat das bestätigt, ich habe im Internet ein wenig über die Säulen in Erfahrung

bringen wollen und bin auf mehrere Reiseberichte gestoßen, in denen genau dieser Weg beschrieben wird. In diesen Blogs war zu lesen und auf Fotos zu sehen, dass Schildkröten und Ziegen permanente Wegbegleiter der Wanderer waren. Was die Ziegen betrifft, kann ich das ich bestätigen. Für Schildkröten allerdings nicht.

„Ich schau noch kurz hier drüben“, bemerke ich zunehmend enttäuscht und stapfe ins hüfthohe Gestrüpp. Meine Frau sucht derweil auf der anderen Seite. In immer größeren Bögen entfernen wir uns vom Weg und sehen unter Sträuchern und Büschen nach, ob wir endlich die große, schwarze

Marginata sehen. Aber unsere Suche bleibt erfolglos. Wir hätten halt doch Simone anrufen müssen.

Meine Frau antwortet irgendwann, wenn ich wieder einmal ankündige, mich umzuschauen: „Ok, ich geh' schon mal vor“.

Noch vor 11 Uhr sind wir zurück am Auto. Sie sitzt auf dem Beifahrersitz, trinkt Wasser und erkennt an meinem missmutigen Blick gleich, dass ich keinen Erfolg hatte.

„Ich hab keinen Bock mehr, noch länger durch die Hitze zu stapfen. Langsam können mir diese widerspenstigen *Mistviecher* gestohlen bleiben“, maule ich frustriert und schmeiße den Rucksack in den Kofferraum.

„Das ist die perfekte Zeit, nach Karystos an den Hafen zu fahren. Lass uns in einem Café einen Griechischen Mokka und eine erfrischende Limonade trinken“, schlägt meine Frau vor. Eine geniale Idee …

Das versprochene wunderschöne Marginata-Weibchen werde ich halt später woanders suchen. Während eines weiteren Streifzugs auf Euböa; an einem anderen Tag und an einem anderen Ort. Und ich werde es finden. Der Tipp, es dort zu versuchen, war ebenfalls eine Empfehlung von Simone; wie auch die Empfehlung, wo ich nach den „Black-yellow smaller ones“ suchen soll, den Griechischen Landschildkröten.

Sie kennt sich eben aus. Danke dafür.

14

PROJEKT »GEMÜSEBEET«

TEIL 4: NICHTS IST DA, WO ES SEIN SOLL

April 2017

Hatte ich nicht geschworen, dass ich samstags nie (NIE! NIE! NIE!) wieder in einen Baumarkt fahre? Wie konnte ich nur so vermessen sein, zu glauben, dass ich das durchhalte?

Die Umstände zwingen mich während der Endphase des Gehegebaus, nahezu täglich in den Baumarkt zu fahren, mit ein wenig konzentrierter Planung ließe sich ein Samstagsbesuch vermeiden. Nur ist das mit der konzentrierten Planung bei mir leider so eine Sache …

Natürlich hätte ich eine Einkaufsliste machen können, aber ich ändere während des Bauens des Öfteren meine Pläne. Neue Ideen entwickeln sich, Pfusch am Bau will beseitigt werden. So fehlt es fast täglich an diversen Dingen, die nur im Baumarkt erhältlich sind.

Vor allem Holz-Zuschnitte kaufe ich erst, wenn ich unmittelbar davor stehe, das Holz tatsächlich zu verbauen. Das erlaubt präziseres Messen, denn wenn etwas gesägt ist und nicht passt, sind Ärger, Mehrarbeit oder Mehrkosten da. So etwas kenne ich

zu Genüge vom ersten Schlafhausbau, das muss ich nicht noch einmal haben. Schließlich soll es am Ende wenigstens halbwegs anständig ausschauen. Auch den Nachbarn und uns soll schließlich die Anlage gefallen.

Trotz aller Bemühungen geht es nicht richtig voran, der April ist fortgeschritten, die Tiere sind längst aus der Überwinterung wieder da, entsprechend munter und aktiv. Es wird Zeit, dass ich endlich fertig werde.

Aber immer kommt irgendetwas dazwischen. Ich müsste zum Beispiel in die Sockelsteine bohren, um die Metallwinkel für die Grundbefestigung des Schlafhausdeckels anzubringen. Aber es ist Sonntag. Da möchte ich nicht bohren, obwohl mir die Nachbarn versichert haben, das mache ihnen nichts aus. Aber mir. Das kreischige Geräusch ist mir unangenehm. Also wird das verschoben.

Stattdessen könnte ich am Sonntag an der Deckelheizung weiterbauen. Da habe ich bereits alles gekauft.

Na ja: Fast alles. Schnell ist die alte Rolle Heizkörperreflexionsfolie aus dem Schuppen geholt. Dort lagert sie, seit ich vor Jahren die erste Deckelheizung gebaut und ein kleines Stück dieser Folie gebraucht hatte. Gut, dass ich den Rest damals nicht weggeworfen habe, als hätte ich es geahnt, dass ich die Folie noch brauchen würde. Noch besser: Ich finde sie auf Anhieb wieder.

Aber alles hat seine zwei Seiten, wo Freude ist, gesellt sich schnell Ärger hinzu. Als ich die Rolle aus dem Regal ziehe, purzeln mir eine Dose Sonnenblumensamen, eine weitere mit Samen für eine exotische Wiese, dann Ameisenköder, Orchideendünger, Blumenschnur, ein Stück Kabelschlauch, ein paar Topfuntersetzer aus Plastik und ein alter, löchriger Arbeitshandschuh entgegen. Einiges kann ich gerade noch auffangen, das meiste aber landet auf dem Boden. Ich bin froh, dass die Samendosen nicht aufgeplatzt sind. Den Schuppen halb ausräumen und ausfegen ist jetzt nicht gerade das, auf das ich Lust habe. Aber es wäre unvermeidbar, vor allem der Sonnenblumensamen dürfte ein verführerisches Angebot für alle Mäuse der Nachbarschaft sein, zum Festschmaus vorbeizukommen.

Ich fluche: „Was ist das überhaupt für eine Unordnung hier im Schrank? Alles wird immer nur irgendwo hin gestellt, nichts ordentlich aufgeräumt."

Einen Moment zögere ich, ob ich erst ein wenig Ordnung schaffe, bevor ich weiterbaue oder alles schnell wieder irgendwohin stelle. Aufräumen hält auf, vor allem, wenn man es gründlich machen will. Wenn ich damit erst mal anfange, werde ich heute zu nichts anderem mehr kommen. Da geht es viel schneller, das ganze

Zeug einfach zurück in den Schrank zu stellen. Einfach dorthin, wo Platz ist. Zur Not da, wo die Reflexionsfolie vorher gelegen hat. Wo ich dann den Rest der Rolle verstauen werde, werden wir dann sehen, wenn es so weit ist. Das nenne ich Pragmatismus pur.

Außerdem müsste ich bei all dem Zeug überlegen, ob ich das noch behalten will oder nicht. Entscheidungen wären gefordert, die ich heute nicht treffen will. Wenn ich nur daran denke, dass die Mülltonne ohnehin schon halb voll und erst in einer Woche geleert wird, brauche ich gar nicht länger zu grübeln. Denn wohin mit dem ganzen Gelumpe, was ich wegschmeißen könnte, aber das nicht mehr in die Tonne passt?

Na sehen Sie!

Dann kann ich es auch gleich wieder in den Schrank stellen.

Noch bevor ich damit beginne, das Gerümpel zurück in den Schrank zu stopfen, fällt mir wieder die Dose mit dem Samen für eine exotische Blumenwiese in die Hand. Zur Verwendung bis 2011 empfohlen. Das ist jetzt sechs Jahre her. Da geht noch was, oder?

Aber woher stammt die?

Ich erinnere mich, dass ich die beim Ausräumen der Wohnung einer verstorbenen Tante mitgenommen habe. Keine Ahnung warum. Schon damals müssten die Blumensamen lang über der Zeit gewesen sein.

Fragen tun sich auf:

Wollte ich die ernsthaft irgendwo aussäen?

Wie lange steht die jetzt in unserem Schuppen?

Wozu hatte die Tante das gekauft? Die hatte doch gar keinen Garten, nicht mal einen großen Balkon?

Hatte nicht meine Frau gesagt, ich könne die gleich wegschmeißen, als ich damit angekommen bin?

Hab ich natürlich nicht gemacht. Warum nicht?

Warum höre ich nie auf das, was man mir sagt?

Fragen über Fragen.

Genug – weitermachen!

Ich spiele mit dem Gedanken, sie sofort auszusäen, vielleicht sogar ins Gehege.

Ein Blick auf die Zusammensetzung der Pflanzenmischung lässt mich stutzen. Es stehen nur die wissenschaftlichen Artnamen dort. Ich erkenne auf Anhieb keine einzige. Aber getreu der Devise *wer nichts weiß, fragt die Suchmaschine* zücke ich mein Handy und gebe nach und nach alle Arten ein – von vielen Pflanzen höre ich das erste Mal, dass es sie überhaupt gibt. In Thorstens Buch finde ich sie auch nicht. Eine halbe Stunde später, weiß ich, dass es richtig war, die Dose damals nur in den Schrank zu stellen. Wer weiß, was ich den Schildkröten für Zeug ins Gehege gepflanzt hätte?

Die exotische Blumenmischung werde ich sofort in die Tonne kloppen mitsamt dem uralten Sonnenblumensamen gleicher Herkunft.

Auch der alte einzelne Arbeitshandschuh landet im Müll, obwohl ich sicher bin, dass ich das Pendant dazu innerhalb der nächsten Tage finden werde. Den orangefarbenen Kabelschlauch lege ich in Sichtweite, den kann ich sicher bald gebrauchen. Da liegt er übrigens heute noch.

Ich gerate in Wegwerfrausch. Was geht, quetsche ich in die Tonne. Was für eine Verschwendung wäre es, die Abfallgebühren nicht bis zum Anschlag auszunutzen, wie kann man nur halbvolle Tonnen an die Straße stellen?

Was kann noch weg? Das alte, kaputte Modellboot, das undichte Gummischwimmtier, die defekte 30 Jahre alte Taschenlampe? Halt. Die nicht, da bräuchte es nur ein neues Birnchen, das gibt es bestimmt im Baumarkt, die muss ich gleich auf die Einkaufsliste setzen. Wer weiß, vielleicht muss ich mal wieder nachts bei schwerem Gewitter und tennisballgroßen (mindestens!) Hagelkörnern im Gehege nach meinen Schildkröten suchen. Gut, wenn man dann eine funktionierende Taschenlampe zur Hand hat. Besser, ich stelle die gleich griffbereit ganz nach vorne. Das Stück oranger Kabelschlauch schiebt sich nach hinten.

Bei meiner Aktion im Schuppen könnte ich außerdem die PVC-Folie herauslegen, die ich für den Eingang zum neuen Frühbeet benötige. Vor Jahr und Tag hatte mir ein Segelmacher Verschnittstücke aus Segelfenstern geschickt, um Lamelleneingänge für mein Frühbeet zu bauen. Das hatte sich bewährt. Zwar war die Folie nach dem ersten Regen, als der Matsch hochgespritzt war, vollkommen verdreckt, aber den Schildkröten war das egal. Vom ersten Tag an haben sie den Durchgang als solchen akzeptiert, dreckig oder klar. Sie stapfen gegen die Folienstreifen und zwängen sich nach draußen oder drinnen hindurch. Ist es nicht wunderbar, wenn etwas auf Anhieb funktioniert?

Der damals nicht verbrauchte Rest landete im Schuppen. Segelfensterfolie ist nicht etwas, was man überall bekommt. Also wurde sie gebunkert, folglich muss sie da sein. Hab ich sie nicht erst vor kurzem in der Hand gehabt? So vor drei bis fünf Jahren?

Aber wie so oft wurde die Folie nicht gleich an einem sinnvollen Platz deponiert, sondern nur irgendwohin gestopft. Aus dem Auge, aus dem Sinn. So mach ich das immer.

Oder was meinen Sie, warum ich im Sommer eine Woche lang meine Familie mit dem Verlust meiner Sonnenbrille terrorisierte, mich intensiv befragen lassen musste, wann und wo ich sie zum letzten Mal hatte („Woher soll ich das wissen?“) und der Reihe nach sämtliche Geschäfte abtelefonierte, die ich besucht hatte. Ich forschte im Auto, in sämtlichen Regalen, selbst an absurden Plätzen, öffnete Kühlschrank und Gefriertruhe, irgendwo musste die Brille liegen.

Das tat sie auch. Mitten im Schildkrötengehege.

Als ich mich langsam an den Gedanken gewöhnte, mir eine neue zu kaufen, was bei geschliffenen Gläsern nicht mal eben so hoppla-hopp passiert, fand ich sie zwischen Segge, Kiefer, Fingerkraut dirket vor der Nase von Luise. Kollege Zufall hatte geholfen. Eigentlich wollte ich Luise etwas Gutes tun und sie vor dem Einsatz des Rasenmähers eine Viertelstunde auf der Wiese eine fette Portion Weißklee fressen lassen. Es ärgert mich immer, so viele Futterpflanzen abzumähen, aber alle paar Wochen tu ich es doch, wenn das Gras zu hoch ist. Gelegentlich darf vorher eine Schildkröte nach der anderen unter Aufsicht eine Runde drehen und sich den Bauch vollschlagen.

Luise sollte die Erste sein. Sie hockte zwischen den Sträuchern direkt neben etwas silbrig Blinkendem. Meinem Brillenbügel.

Es gab nur eine Erklärung, wie sie dahin gekommen sein konnte: Ich hatte sie eine Woche zuvor auf das Dach des Frühbeets gelegt (warum auch immer?) und dort liegen gelassen. Ein abendlicher Gewittersturm hatte sie erfasst und ins Gehege geweht. Dort lag sie mucksmäuschenstill. Auch die Schildkröten verhielten sich während meiner Suche sehr schweigsam und diskret.

Aber mal ehrlich: Ein Schildkrötengehege ist der vorletzte Platz, an dem man eine verlegte Sonnenbrille sucht, oder? Bitte fragen Sie jetzt nicht, wo der letzte Platz ist, wo ich suchen würde …

Wie dem auch sei – das wäre ein zweiter Grund, warum ich endlich wieder eine funktionierende Taschenlampe im Haus haben sollte. Dann hätte ich gleich noch am selben Abend das Gehege absuchen können. Nach dem Gewitter natürlich!

Nicht anders ergeht es mir mit der Fensterfolie. Nach erfolgloser Suche, viel Gemecker und ebenso erfolglosen Droh- und Lockrufen drehe ich den Spieß um.

Ich stelle mir die Frage wo ich mich – angenommen ich wäre ein Stück Segelfenster – in unserem Schuppen so verstecken würde, dass mich keiner findet? Das bringt mich leider nicht auf die richtige Spur, es fällt mir unendlich schwer, mich in die komplexe, völlig fremdartige Gedankenwelt thermoplastischer Polymere, welche durch Kettenpolymerisation aus dem Monomer Vinylchlorid hergestellt wurden, hineinzuversetzen. Ich bin eben nicht aus Kunststoff.

Also bleibt die Folie verschollen. Dabei könnte ein Lamelleneingang so schnell gebastelt sein, das dauert nur wenige Minuten. Stattdessen verschwende ich wertvolle Zeit mit Suchen. Ein weiteres Regalfach wird leer- und wieder eingeräumt. Keine Folie!

„Mistzeugs, elendiges, polyvinyliges.“ Ich werde laut.

Ein kurzer, mitleidiger Blick meiner Frau durch die Schuppentür ist die einzige Reaktion, die ich damit ernte.

Es dauert eine knappe Stunde, bis ich die Reststücke finde. Sie waren genau dort, wo ich sie vor über zehn Jahren hingelegt hatte, nur ein wenig nach hinten gerutscht. Sonderbar. Sehr sonderbar. Ich hätte schwören

können, jemand habe sie vor mir versteckt. Mit purer Absicht natürlich.

Ich finde eine alte Plastikschachtel, randvoll mit Kalbsknochen und erinnere mich, dass ich diese nach dem letzten Ossobuco mühsam von Fleischresten gereinigt, fein säuberlich auf eine Kunststoffschnur aufgefädelt und monatelang auf der Terrasse hängen hatte. Das ist jetzt peinlich. Die waren zum Verschenken gedacht und liegen immer noch in meinem Schuppen.

Kalbsknochen verschenken?

Warum nicht?

Nachdem ich im Buch *Manchmal sind es Mistviecher* davon geschrieben hatte, hatte ich eine solche „Kette“ zu einem Vortrag nach Landau mitgenommen und den Zuhörenden gezeigt.

„Ich erzähl euch keinen Blödsinn – seht her, ich mach das wirklich“, zog ich die Knochenkette aus der Tasche und schwenkte sie triumphierend durch den Vortragsraum.

Beim Bücherverkauf und Signieren kam es zu intensiven Nachfragen. Fast jeder, der zum Stand kam, ließ sich gern ein Knochenstück schenken, um daheim auszuprobieren, wie seine Schildkröten darauf wohl reagierten. Angetan von dieser Idee fertigte ich gleich eine weitere Kette mit Knochenstücken an, gedacht war sie für einen Vortrag in Wuppertal. Auch dort wollte ich sie zeigen und die Knochen den Zuhörern schenken. Allerdings vergaß ich, sie mitzunehmen, die Knochen landeten in einer Schachtel im Schuppen. Die Wuppertaler mögen es mir verzeihen, dass sie an diesem Abend knochenlos geblieben sind. Ich nahm mir fest vor, die Knochen zu einem anderen Vortragsabend mitzunehmen. Seitdem liegen sie genau dort, wo ich sie das letzte Mal hin geräumt habe. Das wird sich vermutlich lange nicht ändern.

„Vielleicht solltest du sie dann endlich ins Gehege tun oder wegschmeißen", rät meine Frau, die wenig begeistert ist, zwischen Spargeltopf, Eiswürfelformen, Sandwichtoaster und allerlei anderem Küchenzeugs im Schuppenregal immer wieder auf die Knochendose zu stoßen. Sie hat diese Dinge viel besser im Blick als ich.

„Ja, ja", verspreche ich. „Hast du die Fensterfolie zufällig gesehen?"

Wenigstens finde ich bei der ganzen Aktion die alte Tube mit dem Styroporkleber, mit dem ich damals

die Heizkörperreflexionsfolie in den Deckel geklebt hatte. Das hilft nur nicht mehr, da der Kleber im Laufe der Jahre eingetrocknet ist. Da kann ich ihn auch gleich wegschmeißen. Ab in die Tonne, Deckel auf …

Nein. Das ist Sondermüll. Den stelle ich lieber zurseite, im kommenden Monat kommt wieder vom Landratsamt der Kleinbus, bei dem ich den Problemmüll abgeben kann. Da ich gerade dabei bin, könnte ich die anderen alten Klebstoff- und Farbreste zusammensuchen. Irgendwo liegt bestimmt noch die Abfallfibel mit den Sammelterminen. Das tut sie nicht. Handy raus, im Netz nachschauen. Sofort sind die Termine auf dem Display. Überhaupt bin ich bei der Suche im Netz viel schneller als bei der Suche in meinem Schuppen.

Wie bitte? Der nächste Termin ist erst im Sommer?

So lange soll der Karton mit dem Sondermüll im Schuppen im Weg rumstehen? Will ich das?

Nein. Also alles zurück in den Schrank.

Ich notiere, dass ich beim nächsten Baumarktbesuch ein Tübchen Styroporkleber kaufen muss.

Tübchen gibt es aber offensichtlich nicht mehr – nur noch Riesentuben mit 400 Gramm Inhalt, was mehr als die doppelte Menge von dem ist, was ich brauche. Der Rest landet drei

Tage später im Schrank. Ich weiß schon jetzt, dass er am Ende eintrocknen und im Müll landen wird. Wann klebe ich schon mal Styropor? Folglich könnte ich sie Tube gleich zum Sondermüll stellen. Andererseits … man weiß ja nie.

Da soll man motiviert weiterbauen? Dass ich nicht lache …

Aber eines nehme ich mir hoch und heilig vor: Gleich nach Beendigung des Gehegebaus werde ich im Schuppen Tabula rasa zu machen. Dann wird dort alles ausgeräumt, ausgemistet und ordentlich wieder eingeräumt.

Und beim nächsten Baumarktbesuch wird noch ein Birnchen für die Taschenlampe gekauft, das hatte ich vergessen.

Versprochen ist versprochen. Mal wieder. Geschehen ist allerdings seit einem Jahr nichts. Immer noch nicht. Zumindest nicht im Schuppen.

Immerhin ist irgendwann die letzte Schraube in die Einfriedung der neuen Schildkrötenanlage gedreht. Licht und Heizlampe sind aufgehängt, die Wasserschale ist platziert und viele Pflanzen aus dem Gartencenter sind gesetzt: Funkien, die allerdings nicht alt werden, Bergflockenblumen, kleine Kiefern, Lavendel, Blauschwingel, Rosmarin. Ziergräser und Frauenmantel habe ich mir aus dem

alten Gehege geholt. Außderm wurde, weil die Erde bereits aufgeworfen war, Fressbares eingesät. Dazu wälze ich die einschlägigen Ratgeber und lasse mich von Thorsten Geiers Der *Schildkröten-Gärtner* inspirieren. „Wenn es uns gelingt, in unseren Gehegen ca. 10 bis 25 verschiedene Futterpflanzen (in Abhängigkeit der zu pflegenden Tiere) dauerhaft anzupflanzen, und darüber hinaus weitere zahlreiche außerhalb des Geheges angebaute Pflanzen als Zusatzfutter im Gehege zu verteilen, wäre das ein unglaublicher Gewinn für unsere Tiere“ (Geier 2016). Wer wollte das nicht?

Endlich könnten die Schildkröten einziehen. Die im Gehege befindlichen Pflanzen haben neu ausgetrieben, der Salbei hat frische Blätter angesetzt, die radikal gestutzten Sträucher sind neu ausgetrieben und der Liebstöckel, der sich als hervorragende Versteckpflanze anbietet und von den Schildkröten ohnehin nicht gefressen wird, sprießt heftig. Überall wuchert der Löwenzahn.

Dort, wo sich bei den vergangenen Regengüssen das Wasser gesammelt und größere Pfützen gebildet hat, wird noch etwas mehr Kalksteinschotter verteilt. Viele mit Moos bewachsene Wurzelstücke und Äste habe ich am Wochenende aus dem Wald geholt, Betont zwanglos sind sie im Gehege drapiert. Aber es dürften ruhig noch einige mehr sein.

Der Wald ist gleich hinterm Haus, ich kann bei Bedarf jederzeit nachlegen. Jetzt sollen erst einmal die Tiere einziehen … und genau das tun sie.

Wird fortgesetzt …

15

STURSCHÄDEL – HIER WIE DORT

August 2017

Beharrlichkeit, Trotz, Hartnäckigkeit und Sturheit: Etwas anderes kenn ich von meinen Tieren gar nicht. Von mir selbst allerdings auch nicht.

Auch wenn die Vermenschlichung von Tieren immer sehr zweifelhaft ist – vielleicht ist zumindest diese zielgerichtete Beharrlichkeit bei Schildkröten gar nicht mal so falsch, wenn man es in das Verhalten die Tiere hineininterpretiert. Wer jemals beobachtet hat, wie eine Schildkröte quer über eine Pflanze, die ihr im Weg ist, marschiert statt drum herumzulaufen, weiß, wovon ich rede.

Ich habe mehrere solcher Kandidatinnen, die entweder mitten durch die kleine Kiefer klettern, oder wenn es nicht geht: Dann eben drüber. Es wäre kein Thema, die Kiefer zu umrunden, vermutlich wären die Schildkröten mit diesem kleinen Umweg sogar schneller dort, wo sie gerade hinwollen, aber darum geht es nicht: Der Weg ist das Ziel. Und der führt geradeaus.

Sie klettern über Steine und Gehölz, durch Geäst und Gestrüpp, weil sie diesen Weg nehmen wollen: Genau diesen und keinen anderen. Sind Wasserschalen oder Regenpfützen im Weg, dann ist das den Tieren egal. Die Devise lautet: Einfach durch.

Absperrungen werden oft zwar als Hindernis erkannt, aber nicht als unüberwindlich. Versperrt ein Stein den Weg, wird so lange gedrückt und geschoben, bis die Lücke da ist, und sich die Schildkröte hindurchquetschen kann. Zugegeben: Als Panzerträger ist das mit dem Quetschen so eine Sache, Schildkröten können ihren Körper nicht schlanker machen als er ist. Trotzdem.

Das Tier verlässt sich darauf, dass sein Panzer hart genug und er stark genug ist, den Widerstand wegzuschieben oder darüber zu klettern. Es ist alles nur eine Frage der Zeit. Aber machen wir uns das nicht zum

Beispiel mit Lamellenvorhängen an Eingängen von Frühbeeten oder Gewächshäusern zunutze?

Da müssen wir uns nicht wundern, wenn sie Einzäunungen nicht akzeptieren und sie diese überwinden wollen. Oft genug klappt das zur Überraschung ihrer Halter auch. Sie klettern an Einfriedungen und Drahtzäunen hoch, man reibt sich erstaunt die Augen, wenn man das Tier im Garten entdeckt und sich fragt, wie sie wohl dahin gekommen sein mag. Gibt's doch gar nicht …

Doch. Wer kennt nicht die verzweifelten Hilfegesuche von Haltern im Internet, denen ein Tier ausgebüxt ist? „Meine Schildkröte ist verschwunden."

Das ist im Sommer nahezu täglich zu lesen. Auch wenn die Eigentümer regelmäßig den Verdacht äußern, dass das Tier geklaut wurde, enden solche Geschichten nicht selten damit, dass es entweder irgendwo versteckt im Gehege sitzt oder ausgebrochen ist. Denn natürlich hält jeder zunächst sein Gehege für ausbruchsicher und ist überzeugt davon, dass er sie wirklich überall gesucht hat. Da scheint ein Diebstahl am plausibelsten, auch wenn es sich zum Glück meistens als Irrtum erweist. Meistens ist das Tier eben einfach nur eingegraben oder ausgebrochen.

Christine und Werner, liebe Freunde aus Österreich, erzählen bei einem Abendessen unter Schildkrötenhaltern vom Ausbruch ihrer Marginata. Bewaffnet mit Tomaten ist Werner durch den dem Grundstück nahe gelegenen Wald gezogen, um die Breitrandschildkröte zu suchen bzw. mit den Tomaten aus ihrem Versteck herauszulocken. Schon beim Zuhören werde ich unruhig. Ich habe viele Breitrandschildköten in freier Natur gesehen und weiß, wie schnell diese großen, behäbig wirkenden Tiere sein können, wenn sie es nur wollen; und wie gut sie klettern können. Griechische Landschildkröten können das auch. Mir kommt der Gedanke, dass ich unbedingt alle Einzäunungen kontrollieren müsste.

Werner hatte Glück. Nach einer Stunde hatte er das Tier gefunden, was mich ein wenig entspannen lässt. Allerdings ist eine Breitrandschildkröte um einiges größer als meine Griechischen Landschildkröten und vielleicht deshalb etwas leichter zu finden. Trotzdem hätte es für das Tier böse ausgehen können …

Niemand ist davor gefeit, dass ihm das nicht passieren kann, selbst der beste Halter nicht; selbst der nicht, der meint, seine Anlagen zu hundert Prozent ausbruchsicher gebaut zu haben. Ist ein Schlupfloch noch so winzig, können Schildkröten, wenn sie es entdeckt haben, sehr bemüht sein, es zu erweitern, um hindurch zu gelangen. Wer Glück hat, findet die Tiere im eigenen Garten wieder, manchmal, so wie Thorsten Geier, mit Hilfe seines Hundes. Nach längerem, ebenso intensiven wie erfolglosen Suchen spürte sein Hund die ausgebüxten Sumpfschildkröten auf seinem Grundstück wieder auf.

Liegt das Gehege aber an der Grundstücksgrenze oder ist dieses nicht zusätzlich eingezäunt, dann ist die Gefahr groß, dass die Schildkröten einfach verschwinden.

Mir graust es immer davor, selbst einmal in diese Situation zu kommen. Auf der hinteren Grundstücksseite schließen sich die Obstwiese der Nachbarn und dahinter Feld und Wald an. Würde ein ausgebrochenes Tier in diese Richtung laufen, wäre es vermutlich auf Nimmerwiedersehen verschwunden. Die Chance, sie wiederzufinden, geht gegen Null.

Nach vorne hin grenzt das Grundstück an die Ortsdurchgangsstraße. Beim Versuch, diese zu überqueren, könnte eine Schildkröte schnell unter die Räder geraten, was auch Nachbars Katze passiert ist. Auf dem Land wird scharf geschossen, und noch schärfer gefahren. Eher selten werden Geschwindigkeitsbegrenzungen akzeptiert und eingehalten. Auf kleine Tiere auf der Straße achtet kaum irgendwer.

Als noch Kaninchen frei in unserem Garten umherliefen, war die Disziplin, das Tor zur Straße geschlossen zu halten, natürlich eine andere. Jetzt aber, da es diese nicht mehr gibt und sich nur noch Schildkröten auf dem Grundstück befinden, deren Gehege eingezäunt sind, bleibt das Tor einfach offen. Tatsächlich wäre es einmal fast zu der Situation gekommen, dass eine Schildkröte auf die Straße gewandert ist - ausgerechnet an dem Tag, als wir aus dem Urlaub zurückkamen.

Unsere Nachbarn staunten nicht schlecht, als eines Samstags im Sommer ein etwa fünf oder sechs Jahre altes Mädchen in Begleitung ihres Vaters auf ihren Hof kam. In der Hand trug sie ganz vorsichtig eine Schildkröte. Herta, wie ich später erfuhr. Wer sonst?

Von all meinen Sturschädeln hat sie den größten Dickkopf.

Die Schildkröte habe sie gerade vorne an der Hauptstraße sitzen sehen und wolle sie zurückbringen, erzählte das Mädchen. Ob sie hierher gehöre, erkundigte sich der Vater bei Nachbarin Anneliese. Oder ob sie wisse, wer vielleicht eine Schildkröte vermisst.

Anneliese konnte helfen: „Uns gehört sie nicht, aber unserem Nachbarn. Das Tier muss wohl aus seinem Gehege abgehauen sein.“

Sie nahm Herta entgegen, setzte es erst einmal in mein neu gebautes Gehege und untersuchte dann den Zaun des alten Geheges, aus dem Herta abgehauen war. Tatsächlich hatte Herta es geschafft, ein lockeres Brett, aus dem sich die Verschraubung gelöst hatte, beharrlich so lange zu bearbeiten, bis sich weitere Schrauben gelockert hatten. Das Brett ließ sich am Ende um die Längsachse drehen und sie konnte sich darunter hindurchzwängen. Sich durchgegraben hatte sie sich allerdings nicht, sie hatte nur in ihrer grenzenlosen Sturheit immer wieder gegen das Brett gedrückt, bis es sich immer weiter bewegen ließ.

Seelenruhig spazierte Herta hinaus in die große weite Welt, schnurstracks auf die Hauptstraße.

Ohne die aufmerksamen Spaziergänger wäre Herta möglicherweise auf Nimmerwiedersehen verschwunden oder von einem Auto überfahren worden. Es ist gerade noch mal gut gegangen.

Zwar werden unsere Tiere sowohl von unseren Töchtern als auch von unseren Nachbarn liebevoll versorgt, wenn wir im Urlaub sind, und sicher wäre der Ausbruch bemerkt worden, aber wann? Was hätte bis dahin alles passieren können? Wer bitte überwacht den lieben langen Tag jeden Schritt seiner Schildkröten? So etwas kann auch passieren, während man selbst im Büro hockt. Darf nicht, aber kann.

Unsere Nachbarin reparierte die Stelle provisorisch mit einigen Pflöcken, die sie in den Boden rammte, damit das Brett sich nicht mehr bewegen ließ und Sisi und Jekyll, die noch im Gehege waren, dort blieben. Der Schreck saß tief, als wir am Abend aus dem Urlaub zurückkehrten und hörten, was vorgefallen war.

Plötzlich steht man ratlos da, wundert sich über das Verhalten seiner Schildkröten und murmelt einen der wohl unter Tierhaltern am meisten gesprochenen Sätze: „Versteh ich nicht. Das hat sie doch noch nie ge-

macht …“ Sofort fängt man an, sich Gedanken zu machen, was sie wohl dazu bewogen haben könne und wie man die Einzäunung noch stabiler machen kann.

„Die ist nicht stur“, erklärt mir später eine Bekannte, der ich die Geschichte erzähle. „Die hat nur einen gefestigten Willen.“ Na dann …

Nicht immer ist es eben lustig mit

unseren *Mistviechern*. Auch solche Episoden wollen und müssen erzählt werden, schon, um aus diesen Fehlern beim Bau der nächsten Gehegeeinfriedung zu lernen und die Zäune in Zukunft regelmäßig auf eventuell nicht mehr ausbruchsichere Stellen zu untersuchen. Noch am Wochenende kontrollierte ich die gesamte Begrenzung, zog alle Schrauben nach und verstärkte die Bretter mit einem Haufen Metallverbindern. Erst dann durfte Herta zurück in ihr angestammtes „Revier".

Fairerweise sollte ich an dieser Stelle erwähnen, dass es nicht die Schildkröten sind, die sich absichtlich in solch gefährlichen Situationen bringen. Es ist unser eigenes Verschulden, die Gehege samt Umrandung bauen wir. Alles, was unglücklich oder zumindest dämlich läuft, liegt in unserer Verantwortung, nicht in der der Tiere. In diesem Fall in meiner.

Und es liegt in unserer nicht immer durchdachten Planung. Wenn ich mir zum Beispiel vornehme, früh Feierabend zu machen, um mit all meinen Tieren zum Tierarzt zum Entwurmen zu fahren, dann muss ich das nicht am heißesten Tag des Jahres machen.

Aber genau das mache ich; nicht, weil ich es so will, sondern weil es sich so ergibt. Vor dem Urlaub hatte ich beim Tierarzt eine Kotprobe abgegeben und vereinbart, mich gleich nach meiner Rückkehr zu melden. Die Mitarbeiterin des Tierarztes teilt mir am Telefon den Befund der Untersuchung mit: „Mittlerer Befall mit Würmern, da sollten Sie wohl noch einmal mit der Schildkröte vorbeikommen."

„Der Schildkröte?", frage ich. „Ich bring gleich alle mit, wenn eine Würmer hat, dann die anderen wohl auch."

„Wie viele Tiere haben Sie denn?"

„Zur Zeit sechs."

„Na ja, geht trotzdem schnell, kommen Sie einfach vorbei, einen Termin brauchen sie nicht."

Also komme ich einfach vorbei. Dass ausgerechnet an diesem Tag andalusische Heißluft nach Bayern geblasen wird, sich mit Föhnwetterlage vereinigt und die Temperaturen auf 35 °C ansteigen lässt, ist dann halt dumm gelaufen.

Aber es geht nun mal nicht anders. Zwischen meinem Urlaub und dem vom Tierarzt muss die Entwurmung stattfinden, sonst wird es zu spät im Sommer. Schließlich muss ich ein wenig auf meine Arbeitszeiten und die Öffnungszeiten der Praxis achten. Das schränkt die Auswahl der Tage erheblich ein.

Das erste Mal bin ich durchgeschwitzt und genervt, als ich noch nicht mal alle Tiere in den bereit stehenden Boxen habe. Bei der

Hitze zwischen den Sträuchern nach Schildkröten zu suchen, ist nicht nur schweißtreibend, es ist eine arge Herausforderung an meine Tierliebe. Es ist völlig klar, dass die Tiere sich alle in den Schatten zurückgezogen haben und nicht gerade wie auf dem Präsentierteller abholbereit für die Fahrt zum „Viecherldoktor" hocken.

Als ich endlich alle Tiere in den Boxen verstaut habe, ein frisches T-Shirt fällig geworden ist und ich die ganze Bande ins Auto verlade, überfällt mich der nächste Schweißausbruch. Alle Boxen rutschsicher unterzubringen, ohne dass sie bei einem Bremsmanöver oder im Kreisverkehr durchs Auto rutschen, ist gar nicht so leicht. Auch sollen sie nicht vom eiskalten Gebläse der Klimaanlage schockgefroren werden, aber ohne Klimaanlage schaffe ich es bei dem Wetter nicht mal bis zur Ortstafel, geschweige denn in die Kreisstadt ohne zu verglühen. Jahrelange Erfahrungen mit Tetris zahlen sich jetzt aus, dagegen ist das sinnvolle Einräumen einer Spülmaschine ein Job für Schüler.

Ich muss an den skurrilen Verkehrsunfall denken, den ich in der Einleitung zu diesem Buch erwähnte. Das ist das Allerletzte, was ich gebrauchen könnte: Eine Schildkröte, die im Fußraum des Autos herum läuft. Alles wird noch einmal kontrolliert, und dann ist wieder ein frisches T-Shirt fällig.

Sehr langsam und sehr vorsichtig kutschiere ich die Tiere durch den Landkreis. Die Fenster sind nur minimal geöffnet. Zugluft muss nicht sein. Die Klimaanlage bläst nur wenig Kaltluft gegen den Autohimmel. Das nutzt nicht allzu viel, aber anders geht es nicht.

Nervös beobachte ich die Uhr im Auto. In acht Minuten schließen zwei Dörfer weiter die Bahnschranken für den Regionalzug. Bis dahin muss ich die Gleise überquert haben. Sonst wird es knapp. Bei der aktuellen Witterung habe ich keine Lust, eine kleine Ewigkeit vor verschlossenen Schranken in der prallen Sonne zu stehen. Also drücke ich verhalten aufs Gas bevor das Ganze in weiteren schweißtreibenden Stress ausartet. Natürlich hätte ich zehn Minuten später losfahren können, dann wäre ich auf jedem Fall auf der sicheren Seite gewesen. Bin ich aber nicht. Selbst Schuld.

Ich habe Glück, die Schranke schließt hinter mir, als aber Hyde den Reigen eröffnet, seinen Blasen- und Darminhalt in die Transportbox zu entlassen, ist es mit dem Zufriedenheitsgefühl schlagartig vorbei. Munter geht das so weiter in den anderen Boxen. Luise ist die Nächste. Ich muss die Fenster meines Wagens weiter aufmachen. Sorry, Freunde.

Das geht sonst gar nicht. Wer behauptet, Schildkrötenkot rieche nicht, hat so eine Fahrt und so eine Scheißerei noch nicht erlebt

Vor der Arztpraxis erwische ich einen Schattenplatz direkt vor der Tür, das scheint mein Glückstag zu werden. Ich bugsiere die Boxen nach draußen, reinige die Tiere mit Küchenpapier, lege die Boxen neu aus, knülle das benutzte Papier zusammen in einen Müllbeutel (gut ausgerüstet, oder?) und trage eine nach der anderen ins Gebäude. Hoffentlich hockt drinnen kein Hundehalter mit einem neugierigen Vierbeiner im Wartezimmer. Ich kann nicht alle Boxen auf einmal tragen, es bleibt mir nichts übrig, als erst zwei auf dem Parkplatz unbeaufsichtigt zurückzulassen und dann welche im Wartezimmer, während ich diese hole. Da braucht's dann keinen Hund drinnen, nicht mal einen, der nur mal schauen will.

Glück gehabt: Im Wartezimmer sitzt nur ein Mensch mit einer Katze in einer Gitterbox. Ich kann die ersten Kisten auf die Erde stellen, die nächsten holen und hoffen, dass es jetzt flott geht.

Und so geschieht es auch. Die Entwurmung geht zügig, Berta, die einzige, die ihren Darm noch nicht entleert hatte, holt das auf der Waage des Arztes nach. Danke Mädel. Ihr beweist mal wieder allerbeste Kinderstube.

Der Rücktransport der Tiere ins Auto gestaltet sich etwas schwieriger, weil die Praxistür nach innen aufgeht und ich sie mit meinen Boxen nicht geöffnet bekomme. Das scheint das junge Pärchen, das in der Zwischenzeit gekommen ist, sehr zu interessieren. Statt mir kurz die Tür aufzuhalten, beobachten die beiden interessiert meine Anstrengungen, wie ich das Ganze bewerkstellige. Fast rechnen sie wohl damit, dass ich den Türknauf zwischen die Zähne nehme.

Selbstverständlich bitte ich sie nicht um Hilfe, wer bin ich denn?

Sollen die doch ihre Show haben. Was meine Tiere können, kann ich auch: Stur sein.

Als die Tür weit genug geöffnet ist, schlüpfe ich heraus, bringe die ersten Tiere zu meinem Auto und hole die nächsten Boxen.

Jetzt wäre das nächste frische T-Shirt fällig, aber ich habe keines dabei. Auf der Rückfahrt redet einer im Radio von Hitzerekorden in Bayern, von überfüllten Freibädern, Biergärten und Umsatzrekorden in den Getränkemärkten. Witzbold. Ich habe nichts besseres zu tun, als durch die Gegend zu fahren.

Ich schleiche über die Landstraße nach Hause. Was mich sonst entsetzlich nervt, erweist sich heute als nächster Glücksfall: Ein Traktor mit einem mit Stroh beladenem

Anhänger fährt direkt vor mir. Der Fahrer hält sich strikt an die ihm erlaubten 40 Stundenkilometer. Überholen ist wegen der Kurven nicht möglich. Angesichts meiner Fracht ist mir dieses Heimwärts-Schaukeln im Schneckentempo ganz lieb. Die Schlange hinter mir wird immer länger, irgendwann überholt genervt der Fahrer hinter mir erst mich und dann den Traktor. Soll er.

Auch auf dem Rückweg ist die Bahnschranke geöffnet. Den Tag werde ich rot im Kalender anstreichen. Der perfekte Entwurmungstag … wenn nur dieser unangenehme Geruch im Auto nicht wäre.

Das ist das Einzige, was ich meinen Tieren bei dieser ziemlich absurden Aktion anlasten könnte, für alles andere bin ich selbst verantwortlich. Ist ja nicht so, dass ich mich nicht mit einer meiner Töchter hätte abstimmen und auf einen freien Tag warten können. Dann hätte ich wenigstens Hilfe beim Jonglieren der Boxen gehabt. Hätte, hätte …

Aber nein – wenn ich mir etwas in den Kopf setze, dann muss das auch so durchgezogen werden. Und zwar exakt so, wie ich mir das denke. Und nicht anders. Stur sein kann ich. Da bin ich keinen Deut besser als meine Tiere. Ich *Mistviech* …

16

TACHELES

Juli 2017

„Guten Morgen"
„Guten Morgen"
„Wie geht's?"
„Gut. Und selbst?"
„Geht so. Ich bin noch
etwas müde …"
„Warum das?"

„Na ja, hör mal. Ich bin um 7 Uhr aufgestanden, habe ein kleines Frühstück genommen, bin mit dem Auto bis hierher zu dem Wanderweg gefahren, seit über einer Stunde hier im Gestrüpp unterwegs, es hat 30 °C.Es ist gerade erst 9 Uhr."

Dass ich zum Frühstück einige Scheiben Wassermelone gegessen habe, verschweige ich, ich will niemanden neidisch machen. Mein Gegenüber erst recht nicht.

„Selbst Schuld. Warum machst du auch so'n Blödsinn?"

„Um euch zu finden und zu beobachten. Darum bin ich schließlich nach Griechenland gefahren."

„Ah ha. Na gut, das hast du ja geschafft."

„Ja. Endlich. War ganz schön anstrengend. Ohne Simone wäre ich vermutlich gar nicht auf die Idee gekommen, hier nach euch zu suchen."

„Wer ist Simone?"

„Eine Französin, sie hat mir erzählt, dass man solche wie euch hier auf den Hügeln finden kann. Sie kennt sich sehr gut aus in der Gegend. War zwar ein Super-Tipp, aber trotzdem nicht so leicht Dich aufzuspüren."

„Warum das denn?"

„Weil Ihr Euch immer so verdammt gut versteckt."

„Gar nicht wahr."

„Wohl wahr!"

Schweigen.

„Also habe ich recht!", beharre ich trotzig.

„Na ja – einige von uns haben nicht die allerbesten Erfahrungen mit den Zweibeinern gemacht. Die können ganz schön grob sein, kein Wunder, dass wir da in Deckung gehen bevor wir geschlagen, getreten oder einfach irgendwohin verschleppt werden. Auf Nimmerwiedersehen. Früher war das echt schlimm. Kaum hockte wer von uns in der Sonne, kam so einer von euch und schwupp – weg war der Kumpel. Vor allem die Kleinen. Furchtbar."

„Ja. Das habe ich gehört. Ich weiß, dass viele Tiere von den Menschen mitgenommen wurden. Aber die Zeiten sind wohl vorbei."

„Hast du eine Ahnung …"

Schweigen – diesmal meinerseits. Ich weiß, was aus dem Großteil dieser verschleppten Tiere geworden ist. Es ist zu deprimierend, also dränge ich auf einen Themenwechsel und ergreife wieder das Wort.

„Darf ich dich dazu was fragen?"

„Klar!"

„Wo sind denn die anderen von euch?"

„Welche anderen?“

„Na, die anderen Schildkröten!“

„Wie – gibt es hier noch mehr?“

„Sag mir nicht, dass du hier alleine lebst.“

„Ich hab lange keine mehr getroffen. Du?“

„Nein. Genau darum frage ich ja.“

„Stimmt. Gelegentlich sehe ich so eine Kleine von dieser anderen Art. Aber so’n feschen, großen Kerl, der mir gefallen könnte, hab ich ewig nicht mehr gesehen!“

„Schade! So ein richtig großes, schönes Tier würde ich gern mal finden.“

„Na, hör mal …“

„Entschuldigung. Du bist wunderschön. Und ganz schön groß!“

Das war knapp am Fettnäpfchen vorbei.

„Danke. Genau das wollte ich hören! Ich bin schließlich eine Dame. Aber an richtigen Mannsbildern ist hier wirklich nichts mehr geboten. Das stimmt. Ich weiß gar nicht mehr, wie das ist, wenn einer von denen mich erst in die Beine zwickt und dann …“

„Stopp. Keine Details bitte. Abgesehen davon: Ich weiß ja, wie Schildkröten sich … Hust … paaren Daheim werde ich dauernd Zeuge davon. Unfreiwillig, natürlich.“

„Natürlich. Verstehe, das ist ja auch ein wenig … nun ja, peinlich. Bisweilen auch ganz schön grob. Zumindest denkt ihr Zweibeiner das. Du bist wohl auch so einer, der dabei gerne zuschaut, oder?“

„Öhm …“, verlegenes Hüsteln.

„Ich kenn es halt von daheim, von den Tieren bei uns in Deutschland.“

„Da gibt es Schildkröten?“

„Ja, allerdings in der freien Natur nicht solche wie euch. Nur Sumpfschildkröten.“

„Sind das die, die im Wasser leben?“

„Ja. Meistens jedenfalls!“

„Cool. Wasser sieht man hier nicht so viel. Nur dahinten, das Blaue, das Meer. Aber das ist nichts für mich. Und so welche wie wir, die gibt es auch in Deutschland?“

„Ja. Aber nur bei Menschen in deren Gärten. Es gibt Leute, die bauen den Schildkröten richtig schöne Gehege in den Gärten. Manche übertreiben es mit ihrer Schildkrötenliebe und -fürsorge allerdings. Sie lassen die Tiere nie in Ruhe. Das sind richtige Schilditanten und -onkel. Jedenfalls nenne ich sie manchmal so."

„He he."

„Was ist daran witzig?"

„Dass es Leute gibt, die sich um Schildkröten kümmern. Kaum vorstellbar. Das macht hier kaum jemand, eher ganz im Gegenteil. Das muss ja paradiesisch sein!"

„Weiß ich nicht – zumindest geben wir uns große Mühe, dass es den Tieren bei uns gut geht. Ihr sagt ja nicht, ob ihr euch wohlfühlt. Ihr verzieht nicht mal eine Miene. Aber wenn wir unsere Tiere intensiv beobachten, meinen wir doch, das sehen zu können."

„Und da schaust du denen dauernd zu beim … Du weißt schon?"

„Na ja, das ist weder zu übersehen, noch zu überhören. Diskretion gehört dabei nicht gerade zu euren Kernkompetenzen. Das bekommt doch jeder mit, wenn die Kerle zu fiepen anfangen."

„Kein Kommentar. Egal."

Schweigen.

„Du kannst mir zwei Gefallen tun?"

„Klar, welche?"

„Erstens: Grüß die Schilditanten in Deutschland."

„Schilditanten? Wer hat dir denn davon erzählt?"

„Du. Gerade."

„Stimmt, hab ich schon wieder vergessen. Ok, mach ich. Die Schildionkel auch?"

„Selbstverständlich."

„Ok. Ich mach das übers Internet, ist das in Ordnung?"

„Was ist das denn?"

„Internet?"

„Ja."

„Warte, ich setz mich da auf den

Stein, dann erklär ich dir das. Könnte aber was dauern, hast du heute noch was vor?“

„Ja, ich will gleich frühstücken gehen. Das hört sich kompliziert an mit dem Internet. Dann lass das lieber, vielleicht will ich das dann gar nicht wissen. Ich hab so viel Unsinn gehört in meinem Leben …“

„Ja, vielleicht ist das eine kluge Entscheidung. Ich grüße gerne die Schildkrötenfreunde. Und was wäre der andere Gefallen?“

„Geh mir endlich aus der Sonne!“

Seit zwanzig Minuten sitze ich auf einem flachen Stein und beobachte eine ausgewachsene Breitrandschildkröte in einem alten Hain. Ein Weibchen. Endlich habe ich es gefunden. Es ist nicht ganz das Tier, von dem Simone versprochen hatte, dass wir es unterhalb der Säulen finden werden. Zwar ist es ein großes Tier, aber nicht schwarz, und bei den Säulen bin ich auch nicht.

Es ist die letzte Schildkröte, die ich während dieses Urlaubs auf Euböa finden werde –die einzige bei dieser zweieinhalbstündigen Suche. Morgen geht es heim, das war es dann wieder für den Sommer und mit freilebenden Schildkröten für dieses Jahr.

Die Marginata starrt zurück. Sie rührt sich nicht. Sie nimmt mir schwer übel, dass ich sie umgedreht habe, um zu sehen, welches Geschlecht sie hat. Aber anders hätte ich es nicht herausgefunden. Kopf, Schwanz und alle Beine hat die Schildkröte vollständig eingezogen. Jetzt testen wir, wer von uns beiden mehr Geduld hat. Die Sonne scheint durch die Zweige der alten Bäume, ein Lufthauch bietet angenehme Erfrischung. Es ist noch früh am Tag, noch nicht mal 10 Uhr. Ich könnte hier ewig sitzen. Blöderweise habe ich kein Wasser mehr, ich werde beizeiten aufbrechen und zum Mietwagen zurückkehren müssen. Außerdem wartet im Ferienhaus meine Frau mit einem späten zweiten Frühstück.

Aber noch sitze ich und warte. Die Schildkröte auch. Sie ahnt, dass die Gefahr noch nicht gebannt ist. Der Typ ist noch immer da, hat noch immer die Kamera vor sich auf dem dürren Gras liegen und schaut sich in der Landschaft um. Mehr passiert nicht. Die Minuten verstreichen. Grillen zirpen in den knorrigen Bäumen.

Meine Gedanken wandern. Mir fällt Christines Buch *Testudo und Hermanni* ein, in dem die Schildkröten von sich und ihrem Leben erzählen (DWORSCHAK 2014).

Was, wenn nicht nur Schildkröten miteinander sprechen würden?

Was, wenn wir wie in den Büchern von Michael Ende uns selbst mit Schildkröten unterhalten könnten?

Was würde ich die Breitrand-schildkröte fragen, was würde sie mir erzählen? Wie würde ich mit ihr ins Gespräch kommen?

„Guten Morgen“
„Guten Morgen“
„Wie geht's?“
„Gut. Und selbst?“
„Geht so. Ich bin noch etwas müde …“
„Warum das?“
„Na ja, hör mal …“

17

WENN DER GASMANN DREIMAL KLINGELT

März 2015/2018

Thomas ist Gaslieferant – ein gemütlicher Niederbayer, der uns einmal im Jahr die Aufwartung macht und Flüssiggas für unsere Heizung liefert. Eine Tankfüllung reicht ein knappes Jahr, es hat sich eingebürgert, dass wir unser Gas im Frühjahr bestellen. Wir bilden uns ein, dass es dann günstiger ist als im Herbst, wenn die Heizperiode wieder beginnt, alle anderen ebenfalls Gas brauchen und die Nachfrage signifikant ansteigt. Dann wird es schwierig mit den Lieferterminen und der Preis schnellt exorbitant in die Höhe. Ob das tatsächlich so ist, wissen wir nicht, aber die Einbildung allein reicht, dass wir antizyklisch bestellen. Die wahren Gründe für die Bestellung im zeitigen Frühjahr sind aber andere. Wir wollen mit der Lieferung warten, bis der Tankdeckel wieder vom Schnee und Eise befreit ist. Es ist nicht lustig, bei -10 °C den Deckel erst vom hart gefrorenen Schnee zu befreien und dann in der Kälte draußen zu stehen, während Thomas das Gas einfüllt. Auch das Wegschaufeln einer rund vierzig Zentimeter dicken, nassen und schweren Schneeschicht macht wenig Freude, genauso wenig, wie Gruben in Schildkrötengehegen auszuheben. Ich bin eben kein begeisterter Schaufler und werde vermutlich auch keiner mehr.

Der Hauptgrund aber für die Gaslieferung im März ist, dass das Füllventil des Tanks sich seit mehreren Jahren mitten in der Schildkrötenanlage befindet und sich die Tiere in der Zeit noch in der Überwinterung befinden.

Mitten im Gehege haben wir eine gewölbte Metallplatte von etwa eineinhalb Metern Durchmesser. Das war nicht immer so, das ist nicht optimal, aber was will man machen, wenn das Gehege mit den Schildkröten mitwächst?

Auf die zusätzlichen Quadratmeter, die sehr früh morgens von der Sonne erreicht werden, wollte ich nicht verzichten, also blieb mir keine Wahl. Das Gehege wurde öfters vergrößert, in einem Jahr war der Gastankdeckel mit drin und zwei Jahre später die Wäschespinne. Die hat einen guten, sonnenbeschienenen Platz, der auch ideal für die Schildkröten ist, also wurde dieser schmale Streifen auf der Südwestseite des Grundstücks dem Gehege zugeschlagen. Ich denke nicht, dass es die Schildkröten stört, wenn über ihren Köpfen die Badetücher vom letzten Schwimmbadbesuch im Wind flattern. Es ist allerdings etwas Vorsicht beim Wäscheaufhängen geboten.

Tank und Spinne sind meiner Meinung nach erträgliche Kompromisse, zumal der Tankdeckel fast nie angerührt und die Wäschespinne nur ab und zu benutzt wird.

Der Deckel vom Flüssiggastank wird nur selten geöffnet, zu selten, als das Leben der Tiere beeinträchtigen würde. Eigentlich passiert das nur zweimal im Jahr: Dann nämlich, wenn Thomas liefert und ein weiteres Mal im Spätherbst, wenn wir kontrollieren, ob die Tankfüllung wirklich über den Winter reicht. Nichts ist dämlicher als eine Gaslieferung im tiefsten Winter, wenn gerade 40 Zentimeter Schnee … aber das sagte ich ja bereits.

Die Füllstandkontrolle verlegen wir auf die Zeit, wenn die Schildkröten in der Überwinterungsgrube sind, die Befüllung terminieren wir so, dass die Tiere noch nicht wieder draußen sind. Und damit ist alles gut.

Das klappt zwar nicht immer, aber selbst wenn die Tiere wieder im Gehege unterwegs sind, droht ihnen keine Gefahr. Thomas weiß um die Schildkröten und ist entsprechend vorsichtig. Trotzdem ist es mir lieber, dass ich zu Hause bin, wenn er kommt. Das lässt sich problemlos steuern, er fährt viele Häuser in unserer Gegend an. Haben wir einen Termin vereinbart, nehme ich mir frei und alles ist gut.

Auch bei der Firma, bei der wir das Gas kaufen, weiß man Bescheid. Bei meinen Bestellungen brauche ich gar nicht mehr um Abstimmung des Liefertermins zu fragen.

„Ja, dess wiss ma scho. Wega de

Schildkrötn", sagt mir die freundliche Frau bei meiner Bestellung am Telefon und fragt, ob die Tiere schon wach seien und ob es ihnen gut geht. Gibt es eigentlich irgendjemanden in meinem Umfeld, der noch nicht weiß, dass ich ein Schildionkel bin?

In der Metzgerei meines Vertrauens zum Beispiel kennt man mich als Schildkrötenhalter, der gelegentlich für die Tiere Knochen benötigt. Jeder weiß, dass ich ganz scharf auf den Spitzwegerich auf der großen Wiese neben dem Haus bin. Proaktiv werde ich beim Einkauf nach den Schildkröten gefragt, unter anderem auch, ob ich Pflanzen von der Wiese pflücken will oder wieder Knochen brauche. Ich muss nichts mehr erklären. Da geht es Thorsten Geier zum Beispiel anders.

Der nämlich musste bei seinem Metzger, als der Kalbsknochen haben wolle, nicht nur umständlich klar machen, wieso und warum. Der musste sich daraufhin sogar den Ratschlag gefallen lassen, dass er das mit den Knochen doch sein lassen könne. Er solle, so sein Metzger, einfach Sepiaschulp verwenden, das sei doch viel einfacher.

Der Mann kennt sich halt aus. Das freilich hat jetzt wenig mit dem Gaslieferanten zu tun, weshalb wir wieder schnell zum Thema zurückkommen.

Ein Anruf: „Wir brauchen wieder Gas!" Dieses Mal sind die Tiere allerdings schon wieder aus der Überwinterung zurück.

„Kein Problem."

Der Termin wird ausgemacht, Thomas wird klingeln, wenn er vor Ort ist. Er lässt mir genügend Zeit, die Tiere in einem anderen Frühbeet einzusperren und rollt schon mal den Schlauch vom Wagen.

Dann geht es flott: Keine fünf Minuten braucht er, bis er den Tankdeckel geöffnet und den Schlauch angeschlossen hat. Er achtet sehr genau darauf, dass er nicht auf die Versteckpflanzen in der Nähe des Deckels tritt.

Während das Gas in den Tank strömt, ist Zeit für einen Plausch, Thomas testet, ob Verschluss, Füllstandsmesser und Ventile dicht sind und dann ist er auch schon wieder verschwunden. Die Schildkröten dürfen wieder raus, es ist, als sei nie etwas geschehen.

Doch. Der der neue Sicherheitsaufkleber auf dem Tankdeckel interessiert sie. Der wird kurz geprüft, der rote Ring des Warnschildes schaut verführerisch aus. Er zeigt sich aber sofort als unfressbar und somit ist das Interesse der Schildkröten wieder schnell verflogen. Ohnehin betreten die Schildkröten nur selten das glatte Metall, ihre Krallen finden kaum Halt, es ist nicht besonders komfortabel, über die Fläche zu laufen.

Ein paar Mal habe ich ihnen nach der Gehegeerweiterung ganz bewusst köstlichstes Futter mitten auf den Deckel geworfen. Dann – und nur dann – kamen sie freiwillig dorthin. Aber es muss auch nicht sein. Als Dankeschön trocknete danach eine fäkale Hinterlassenschaft in der Sonne auf dem Deckel vor sich hin.

Weitaus weniger entspannt als Thomas geht der wichtige Mitarbeiter des TÜVs damit um, dass der Gastank mitten in einem Schildkrötengehege liegt und er bei seinem Besuch nicht sofort mit der Prüfung beginnen kann.

Der Mann steht im Hochsommer vor der Tür und hat es wahnsinnig eilig. So wie der hetzt, kann das kein Hiesiger sein. Ein wenig müsse er sich gedulden, ich müsse erst die Tiere einsammeln und einsperren, nicht dass er am Ende noch aus Versehen auf eine Schildkröte tritt, belehre ich ihn und er schaut mich unverständig an.

Dann erst realisiert er, dass zwischen Gartenweg und Tankdeckel ein Zaun aus Terrassendielen steht und sich dahinter ein Tiergehege befindet. Die paar Minuten Zwangspause missfallen ihm, er habe doch seinen Besuch angekündigt, das hätte doch vorbereitet sein können, grummelt er.

Auf solche Diskussionen lasse ich mich gar nicht erst ein, das führt zu nichts. Je schneller der wieder weg ist, umso besser. Also fische ein Tier nach dem anderen aus dem Gehege und sperre sie im Frühbeet ein. Als letztes entdecke ich Berta, die ich unter einer kleinen Kiefer hervorziehe. Jetzt kann der TÜV-Mann endlich anfangen.

Kein Wort verliert er über die Schildkröten, während er den Deckel hebt und auf allen Vieren Ventil, Zähler und Co. überprüft. Ich verspüre wenig Lust, mich daneben zu stellen und lasse den Mann allein seines Amtes walten. Einen Kaffee oder ein Glas Wasser biete ich ihm schon gar nicht an. Das hat er sich selbst zuzuschreiben.

Seine Kontrolle verrichtet er mit großem Ernst und äußerster Gewissenhaftigkeit – was unbedingt in Ordnung ist. So ein Tank kann ja schon mal bei falscher Handhabung oder Undichtigkeit explodieren, die Wäschespinne in den Orbit schießen und uns schlagartig eine schöne große Grube für einen Teich bescheren. Eine Explosion eines Flüssiggastanks kann böse ausgehen, und auch das ist schon vorgekommen. Vollkommen richtig, dass der TÜV die Anlage kontolliert. Mich nervt halt nur die Attitüde eines Menschen, der von seiner eigenen, grenzenlosen Wichtigkeit mehr als überzeugt ist und das seine Mitmenschen spüren lässt.

Der TÜVler ist ebenfalls genervt, die Verzögerung durch die Schildkrötensuche war so nicht vorgesehen. Also zeigt er sich als Pedant der besonderen Sorte, was so viel heißt, dass er sich als Erstes darüber ärgert, dass der Deckel des Tanks nicht so weit geöffnet werden kann, dass er zur anderen Seite herüberklappt und offen liegen bleibt. Eine Kiefer hat sich soweit ausgedehnt, dass ihre flachen Äste über dem Deckel hängen und diesen blockieren.

Also bringe ich ihm eine alte, lange Holzstange, um den Deckel abzustützen und zu fixieren. Das aber ist nicht ok so, die Stange könnte wegrutschen, wenn er sie aus Versehen anstößt, beschwert er sich. „Der Deckel könnte zuschlagen und mir dabei auf den Hinterkopf knallen."

Eine Szene, wie aus einem schlechten Film, trotzdem ist der Gedanke daran irgendwie komisch. Das Grinsen verkneife ich mir, einen Kommentar sowieso, wer weiß, was sonst noch so im Prüfbericht landet. Am Ende legt der mir die Anlage still, nur weil ich einen Witz über ihn gemacht habe.

Fast wünsche ich, der Deckel wäre ihm wirklich auf den Kopf gefallen, als ich zwei Wochen später den Prüfbericht zugestellt bekomme und lese, dass er genau das bemängelt. Außerdem, so stellt er fest, fehle an dem Deckel ein Schloss, so ein spezielles, das der Gaslieferant mit einem Spezialwerkzug öffnen könne, damit nicht jeder ungehindert

Zugriff zum Tank hat. Sonst hat er nichts zu beanstanden.

Ich rufe den Gaslieferanten an, der verspricht, dass Thomas das Schloss bei der nächsten Lieferung mitbringt. So etwas hat er immer im Wagen.

„Ned, dass am Schluss de Schildkrötn no an Deckl aufewuchtn und am Vaschlussventil umanandaspuin."

Darüber müssen wir beide lachen.

Bleibt die andere Mängelrüge, die ich auf die leichte Schulter nehme. Ich habe zehn Jahre Zeit bis zur nächsten Prüfung. Erst dann muss ich die beiden Äste der Kiefer, die zu dicht am Deckel wachsen, soweit zurückgeschnitten haben, dass dieser sich bequemer öffnen lässt und geöffnet bleibt, ohne jemanden an Leib und Leben zu bedrohen. So lange gehört das Gehege allein den Schildkröten. So lange können sie sich unter der Kiefer verstecken, wie es ihnen beliebt.

Die zehn Jahre werde ich nutzen, den Tieren beizubringen, wie man im Fall des Falles unten den Stützbalken wegdrückt, und zwar genau dann, wenn …

Ach ja: Ihr müsst es wie einen Unfall aussehen lassen.

Ihr schafft das. Ich werde dann achselzuckend mit der größtmöglichen Unschuldsmine daneben stehen und sagen: „Manchmal sind es eben *Mistviecher*!"

Das habe ich doch schon immer behauptet. Warum also sollte ich mir das nicht zu Nutze machen?

18

SUPPENKASPER – DIE ZWEITE

Februar 2018

Natürlich ernähre ich meine Schildkröten nicht mit Suppe und nichts liegt mir ferner, als diese Tiere zur Grundlage einer selbigen zu machen. Trotzdem werde ich mit schöner Regelmäßigkeit von einigen Mitmenschen mit der vermeintlich lustigen Bemerkung provoziert, wenn die Tiere erst groß genug seien, könne man sicher daraus wunderbare Süppchen kochen. Dieser Witz ist ungefähr so originell, wie sich am Eingang einer Veranstaltung beim Kartenkontrolleur zu beschweren, nun müsse man sich eine neue Karte kaufen, die alte sei gerade kaputt gerissen worden. Angesichts digitaler Eintrittskarten ist dieser schale Scherz zum Aussterben verdammt, während sich der Witz mit der Schildkrötensuppe hartnäckig hält, und das, obwohl solche Suppen hierzulande schon lange nicht mehr angeboten werden.

Lachen kann ich darüber nicht, mühsam und gequält lächeln ist das Äußerste, was ich an Reaktionen zu spendieren bereit bin. Erstens denke ich nicht im Traum daran, aus meinen Tieren eine Suppeneinlage zu machen. Zweitens wären diese Schildkröten wenig geeignet, obwohl Europäische Schildkrötenarten durchaus zeitweilig in Europa auf dem Speisezettel gestanden haben oder verbotenerweise wohl in einigen Ländern auch noch stehen. Dieser vermeintlich witzig gedachte Spruch provoziert keine Antwort mehr, jede Entgegnung wäre vergebene Müh. So ungefähr muss es Hundehaltern gehen, denen man auch dauernd empfiehlt, mit ihren Lieblingen bloß nicht in ein chinesisches Restaurant zu gehen.

Ich muss allerdings zugeben, dass ich selbst nie Schildkrötensuppe gegessen habe. Das hat allerdings weniger etwas damit zu tun, dass ich es nicht übers Herz brächte, Verwandte der Tiere, die mich so begeistern, zu essen. Das empfinden heutzutage viele andere Schildkrötenhalter anders. Sie könnten, so sagen sie, so etwas niemals essen. Bei mir allerdings lag es schlicht am Mangel einer Gelegenheit. Ich bin zwar ein mindestens genauso heikler Esser wie meine Schildkröten und ziere mich auch bei all dem Grünzeug, das einem vorgesetzt wird. Bei Fleisch aber bin ich erstaunlich experimentierfreudig: Känguru, Austern, Emu, Krokodil, Degenfisch – vieles habe ich schon probiert.

Nur eben Schildkrötenfleisch nicht. Erst konnte ich es nicht, jetzt will ich es nicht mehr: Damals, als es noch Schildkrötensuppe zu kaufen gab, gehörte diese nicht auf den Speisezettel im Haushalt meiner Familie. Schildkrötensuppe war viel zu versnobt, zu überkandidelt. Trotzig wurde beschieden: „So etwas Dekadentes essen allerhöchstens die oberen Zehntausend. Aber wir doch nicht!"

Wir befanden uns in den kulinarischen Niederungen von Erbsen- oder Linsensuppe oder höchstens einer klaren Ochsenschwanzsuppe. Das war raffiniert genug.

Restaurants, die *Lady Curzon's Turtle Soup* auf der Speisekarte hatten, gehörten nicht zu den Lokalen, in denen meine Familie verkehrten. Später, in meiner ausgedehnt rebellischen Sturm- und Drangphase, hätte ich sie aus Prinzip nicht gegessen. Und danach gab es sie einfach nicht mehr.

Dabei darf man nicht vergessen, dass Schildkröten als Speise so ungewöhnlich auch wieder nicht sind – nicht mal hierzulande. Es ist rund 40 Jahre her, dass in Deutschland die letzten Schildkrötensuppen aus den Sortimenten des Lebensmittelhandels verschwanden. Bis in die frühen 80er des Zwanzigsten Jahrhunderts gehörten sie auch bei uns zu den begehrten Delikatessen.

Noch heute zeugt eine präparierte Grüne Meeresschildkröte im Niederräder Heimatmuseum im Frankfurter Stadtteil Niederrad von dieser Zeit. Seit 2012 wird das Tier dort ausgestellt.

Das mag den Ortsfremden verwundern: Liegt Frankfurt doch fernab von Küste und Meer. Wieso wird dort eine Grüne Meeresschildkröte, die

früher überall nur Suppenschildkröte genannt wurde, gezeigt?

Die Schildkröte hat einen engen Bezug mit dem Stadtteil Niederrad, denn hier stand bis 1996 das Werk der Feinkostfirma Lacroix.

„Ursprünglich hing die Schildkröte dort in der Eingangshalle“, erzählt mir Werner Hardt, Vorstand des Niederräder Bezirksvereins, vorab am Telefon. „Das Präparat wurde damals eigens vom Frankfurter Senckenberg-Museum für Lacroix angefertigt.“

Ich beschließe, gemeinsam mit Thorsten Geier nach Frankfurt zu fahren, mir das Tier anzusehen, zu fotografieren und in der Geschichte der Firma Lacroix zu stöbern.

1921 hatte Eugen Lacroix, der aus einer französischen Steinmetzfamilie stammte, aber Koch gelernt hatte, in Frankfurt-Sachsenhausen ein Feinkostunternehmen gegründet und seine Karriere als Hersteller von edlen und extravaganten Spezialitäten begonnen. Den getrüffelten Gänseleberpasteten folgten viele weitere kulinarische Extravaganzen. Lacroix expandierte, die Firma zog nach Niederrad, der Vertrieb von konservierten Dosensuppen und -produkten wurde ein Riesengeschäft und machte Lacroix zum unbestrittenen Marktführer auf seinem Gebiet.

„350 Mitarbeiter beschäftigte die Firma in ihren besten Jahren“, erinnert sich Hardt, den wir im Heimatmuseum Niederrad treffen. Nach einer Privatführung blättern wir Dokumente aus der Unternehmensgeschichte durch.

Hardt hat eine wahre Schatzkiste in seinem Büro bereitgestellt: Preislisten, Firmenprospekte, Gehaltslisten, Zeitungsberichte, eine Festschrift zum 75. Geburtstag des Gründers, Bilder, Speisekarten. Auf vielen Dokumenten befinden sich Fotografien aus der Zeit. Sie zeigen Schildkröten im Kühlhaus, Schildkröten auf dem Hof des Unternehmens, Mitarbeiter, die die Tiere zerlegen. Auch ein Prospekt einer Schildkrötenzuchtfarm auf den Cayman-Inseln findet sich unter den Dokumenten. Es belegt, dass es Zuchtfarmen tatsächlich gegeben hat. Allerdings zweifelten seinerzeit zahlreiche Biologen an, dass diese Farmzucht wirklich funktioniert und dort Tiere tatsächlich nachgezogen werden konnten. Zwar stand nie in Abrede, dass es solche Farmen gab, dennoch hegten die Fachleute großen Zweifel daran, dass die Tiere sich auch dort vermehren. Immer standen

die Farmen im Verdacht, dass dort nur an Stränden ausgegrabene Eier ausgebrütet oder Schlüpflinge abgesammelt und in den Betontanks großgezogen wurden.

Besonders in der Zeit des Wirtschaftswunders der 1950er Jahre florierte sein Unternehmen. Eugen Lacroix verstand es geschickt, die Sehnsüchte nach Exotischem und Exquisitem mit seinen Produkten zu bedienen. Obwohl es die Dosen nach und nach nicht mehr nur in Feinkostgeschäften, sondern auch in gehobenen Supermärkten zu kaufen gab, blieb der Suppe das Image des Luxuriösen erhalten. Sie galt als etwas Besonderes, was man sich nicht jeden Tag leistete, aber doch hin und wieder kaufen konnte. Die Winterpreisliste von 1949/50 offeriert Suppen zum Handelsabgabepreis von 14 DM pro Verkaufseinheit (Firma Lacroix, 1949/1950), 1961 wurde sie als „besonders köstliche Delikatesse … bei allen Fachleuten“ angepriesen. „Die tafelfertigen Suppen sind von feinem Aroma, köstlichem Geschmackappetitanregend und da konserviert,dauerndhaltbar“ (Firma Lacroix, 1961).

Diese Suppe durfte als Einlage natürlich nur Schildkrötenfleisch enthalten. „Und dieses Fleisch wird von der Seeschildkröte (Chelonia mydas) gewonnen, nicht aber eignet sich das Fleisch der Landschildkröte, wie es im letzten Kriege einmal von einer Fleischwarenfabrik versucht worden ist“, klärte 1957 Oberregierungsrat Dr. Sehns in dem Artikel Kochkunst und Konservierungstechnik in der Fachzeitschrift „Die Fleischwirtschaft“ die wissbegierigen Leser auf (Sehns 1957).

Feinkost war der erschwingliche Luxus für jedermann für die besonderen Anlässe, das notwendige Attribut, wenn es darum ging, zu zeigen, dass man wer war. Ein Bedürfnis, das in Deutschland gerade nach dem Ende des Zweiten Weltkriegs und dem einsetzenden Wirtschaftswunders enorm groß war. So gehörten zeitweilig Haifischflossensuppe sowie Suppen aus Seegurken oder Känguruschwänzen zum Lacroix-Produktportfolio. Und eben Schildkrötensuppe.

Die kannte Lacroix noch aus jener Zeit, als er selbst Anfang des Zwanzigsten Jahrhunderts in der Kombüse diverser Schiffe der Norddeutschen Lloyd zur See gefahren war. Diese dosen-konservierte „Echte Schildkrötensuppe“ sollte es sein, die Lacroix zu Weltruhm verhalf. Die Nachfrage war so groß, dass 1959 rund 250 Tonnen tiefgefrorene Schildkröten in Frankfurt zu Dosensuppen verarbeitet wurden. Sein Lager, so ist es in der Fachzeitschrift für Fleischwirtschaft aus dem Jahr 1957 lesen, hatte die Kapazitäten 80.000 kg eingedoster Schildkrötensuppen aufzunehmen (Sehns 1957).

Der geschäftstüchtige Unternehmer Lacroix dachte weiter. Er entwickelte nicht nur Kochbücher sondern auch eigenes Geschirr für Schildkrötensuppen, Schneckenpfännchen und allerlei andere Produkte für die vornehme Tafel. Vieles davon ist heute noch im Niederräder Heimatmuseum zu sehen.

Mit den gesellschaftlichen Umbrüchen und dem Wertewandel in den 1970er Jahren aber sank der Absatz der Schildkrötensuppe rapide. Produkt- und Handelsboykottaufrufe wurden laut.

Auch davon weiß Werner Hardt zu erzählen: „Vor den Werkstoren fanden jede Woche Demonstrationen von Tierschützern statt, die ein Ende der Produktion forderten. So langsam wurde uns allen in Niederrad klar, dass sich Vieles ändern wird.“

Das Unternehmen Lacroix beteuerte immer wieder, dass die Tiere nicht aus der Wildnis, sondern aus Farmprojekten stammten, doch der Druck nahm zu. Die Fragen und die Zweifel an der Herkunft der Tiere blieben.

„Auf 150 bis 160 Kilo Gewicht bringt es so eine Schildkröte“, erinnert sich Werner Hardt. „Das hat mir mal ein Koch erzählt. Dann waren die Schildkröten aber etwa 60 Jahre alt. Die Farmtiere aber waren bereits nach drei Jahren so schwer … warum auch immer.“

Die Supermarktkette Tengelmann reagierte als erste auf die Proteste. 1984 warf sie die Schildkrötensuppe aus dem Sortiment.

In der damals veröffentlichten Presseerklärung hieß es: „Nicht die ökologischen Veränderungen sind es, die den gepanzerten Tieren so zusetzen; der Mensch trägt Schuld an ihrem Desaster, weil Fleisch und Eier als ‚Delikatessen‘ gelten, Schildpatt für die Herstellung z. B. von

Brillengestellen, Kämmen, Haarspangen, Spiegelfassungen etc. verwendet wird und die Flossenhäute zu Handtaschen, Schuhen, Etuis usw. verarbeitet werden.“ (Unternehmensgruppe Tengelmann 1984).

Die Handelsgesellschaft zitierte die drastischen Schilderungen der Schlachtungsmethoden von Schildkröten aus einem Informationsblatt der Arbeitsgemeinschaft Deutscher Tierschutz e.V. und kam zu dem Schluss: „Eine Brutalität, die durch nichts zu entschuldigen ist und deren Ausmaß gerade in der letzten Zeit durch engagierte Tierschützer bekannt wurde. Mit dieser grausamen Quälerei muss Schluss ein! Die Meeresschildkröte darf nicht ausgerottet werden.“

Die Produkte wurden ausgelistet und ab dem 1. März 1984 aus den über 2.700 Filialen der Tengelmann-, Kaiser's- und Plus-Märkte verbannt.

Schaufensterplakate, Regalschilder und Handzettel sollten der Öffentlichkeit die bedrohliche Lage der Meeresschildkröten vor Augen führen. Über 250.000 Aufkleber „Ich kaufe keine Schildkrötenprodukte“, die kostenlos an die Kunden verteilt wurden, taten ihr Übriges, um die Kampagne schlagartig bekannt zu machen.

„Unmengen positiver Zuschriften haben wir bekommen“, schreibt mir Petra Czech vom Historischen Unternehmensarchiv der Tengelmann Warenhandelsgesellschaft KG. „Von Verbänden und Organisationen, aus der Politik und vor allem von Privatpersonen. Kritische Zuschriften befassten sich mit der Frage, ob das Ganze nicht nur ein PR-Gag gewesen sei. Nein, das war es nicht – wir hatten bereits zuvor mit Umweltaktivitäten begonnen (wir waren einer der ersten Anbieter von bleifreiem Benzin in Deutschland) und haben diese Linie konsequent fortgesetzt, über viele Widerstände hinweg und auch dann, wenn damit ökonomische Einbußen verbunden waren. Einzig die Firma Lacroix hat vehement versucht, uns zur Einstellung der Kampagne zu bewegen.“

Das äußerst bekannte, sympathische Logo mit dem verliebten

„Schildkröten-Frosch-Pärchen" wurde zum eingetragenen und geschützten Umwelt-Markenzeichen der Handelsgruppe. Petra Czech: „Zeitweise brachten sogar viele Mitbürger das Umweltpärchen gar nicht mit Tengelmann in Verbindung, sondern – ähnlich z. B. zum „blauen Engel" – mit Umweltschutz allgemein."

Andere Unternehmen folgten. Lacroix, mittlerweile an die amerikanische Firmengruppe ITT verkauft, stellte die Produktion ein – ebenfalls mit dem Hinweis auf Umwelt- und Naturschutz. Lacroix verlagerte sich auf *Mockturtle-Soup*, in der die Rezeptur nahezu identisch ist, allerdings das Schildkrötenfleisch durch Rindfleisch ersetzt wurde.

Das Frankfurter Werk wurde 1996 endgültig geschlossen, unter dem Markennamen Lacroix, werden aber heute noch in Lübeck Feinkostsuppen produziert; nach mehreren Verkäufen jetzt unter Federführung des Lebensmittelherstellers Continental Foods, der Lacroix von der berühmten Campbell's Food Company übernommen hat.

„Als die Fabrik schloss, haben viele Mitarbeiter mitnehmen dürfen, was sie noch benutzen konnten oder wollten. Selbst die Schildkröte fand einen neuen Eigentümer: Ein ehemaliger Koch hatte sie fast zwanzig Jahre in seinem Besitz, bevor er sich mit uns in Verbindung setzte, ob wir sie vielleicht für das Museum haben wollen", berichtet uns Werner Hardt, wie die präparierte Schildkröte den Weg ins Museum gefunden hat. „Jetzt wird sie bei uns ausgestellt und vor allem die Kinder, die mit Kindergartengruppen und Schulklassen zu uns kommen, sind ganz begeistert."

Im Keller des Museums hütet er weitere Schätze: Kleine Tassen für Schildkrötensuppe, die Luxusausführung in Gold, Dosen, einige weitere präparierte Tiere, die gerade erst geschlüpft waren, eine Schildkröte, der man den Rückenpanzer abnehmen kann und von oben auf die säuberlich präparierten Eingeweide schauen kann. Zudem sind weitere Meeresschildkröten in der Sammlung vorhanden. Alle aus dem Bestand von Lacroix und alle vor über 50 Jahren im Senckenberg Naturmuseum Frankfurt präpariert. Lange ist das her.

Hardt zeigt uns einige Originaldosen. „Öffnen würde ich allerdings keine mehr", lacht er und erzählt, dass jeder in Werksnähe

wusste, wenn Lacroix Schildkrötensuppe produzierte: „Man konnte in ganz Niederrad riechen, wenn die Suppen gekocht wurden, der Geruch verbreitete sich über den ganzen Stadtteil."

Und er berichtet, dass er selbst oft von dieser Suppe essen konnte: „Beschädigte Dosen wurden nicht mehr an den Handel ausgeliefert, selbst dann nicht, wenn sie nur die kleinste Beule hatten. Da war Lacroix sehr streng. Diese Dosen haben dann die Mitarbeiter bekommen und oft an Freunde und Bekannte weitergegeben. So haben wir auch hin und wieder Schildkrötensuppe bekommen." Auch an den Geschmack kann er sich noch gut erinnern.

„Aber so dolle war der gar nicht", wehrt er ab. „Das Fleisch labbrig wie ein gekochter, weicher Pilz."

Die Kinder, die Werner Hardt heute im Museum trifft, können sich kaum mehr vorstellen, dass hierzulande früher Schildkröten gegessen wurden. Sie finden das einfach nur eklig.

Ich hätte sie auch nicht gegessen, ich war ohnehin als buchstäblicher Suppenkasper in der Familie verschrien. Mehr als eine klare Brühe oder eine Tomatencremesuppe habe ich nie gelöffelt. Ich war immer ein Suppenkasper:

„Ich esse keine Suppe! Nein!
Ich esse meine Suppe nicht!
Nein, meine Suppe ess' ich nicht!"

Das hätte auch von mir stammen können.

Die Fotos in diesem Kapitel stammen von Thorsten Geier. Unser Dank geht an Werner Hardt vom Bezirksverein Niederrad für die Erlaubnis, diese Bilder machen und veröffentlichen zu können. Danke auch für die Bereitstellung des Archiv-Fotos.
Die Grafik stammt aus dem Unternehmensarchiv der Firmengruppe Tengelmann. Herzlichen Dank für die Bereitstellung und die Erlaubnis zum Abdruck.

19

PERSPEKTİVENWECHSEL

Juli 2017

„Echt jetzt, Leute – diese Touristen, die überall hier rumrennen können einem ganz schön auf den Keks gehen. Die sind sowas von anstrengend, das glaubt ihr nicht.

Mit den Einheimischen haben wir uns arrangiert, bleibt uns wenig anderes übrig, aber es funktioniert zumindest halbwegs. Kunststück. Wir kennen uns ja gefühlt tausende von Jahren. Als die anfingen, nur auf den Hinterbeinen zu laufen, war unsereiner schon seit einer kleinen Ewigkeit hier. Es läuft nicht immer gut, wir gehen denen aus dem Weg, das ist einfach sicherer. Natürlich ist das blöd, dass die Zweibeiner damals die Wälder gerodet haben um ihre blöden Schiffe zu bauen und Steine aus dem Berg geklopft haben, um Städte und Mauern zu errichten. Besonders blöd, weil gerade diese Städte, wenn sie nur alt genug sind, die Touristen zu Tausenden anlocken, die überall herumstapfen.

Dass die Einheimischen Seen trockengelegt, Flüsse umgeleitet, Wasser abgezapft und immer mehr Felder angelegt haben, ist nicht gerade gut für uns. Eher im Gegenteil. Einige zogen sich in die verbliebenen wenigen Wälder zurück, die meisten verkrochen sich in die dornige Macchia, ein Gestrüpp, wo wir unsere Ruhe haben, wo die blöden Ziegen nicht alles kahl fressen, wie sie das auf den vielen Wiesen machen.

Wir passen auf, nicht zu oft auf Menschen zu treffen, denn wenn man ihnen auf ihren Feldern über den Weg läuft und die denken, wir würden ihnen was von ihrem wertvollen Gemüse oder Obst wegfressen, geht das für uns übel aus. Aber es schmeckt halt so gut, wer kann da schon widerstehen?

Das hab ich schon erzählt? Egal, macht nichts, in meinem Alter wird man schnell vergesslich.

Wir wissen ja, das es nicht ok ist, ja nicht einmal gesund ist das Obst für uns, aber müssen die Bauern sich gleich so aufregen, dass sie unsereinen totschlagen.

Total sauer werden die auch, wenn wir von den Blüten an den Kürbissen und Melonen naschen. Schließlich bilden die später die Früchte. Aber wenn wir vorher alle abgerupft und verschlungen haben, dann war es das mit der Ernte. Da verstehen die echt keinen Spaß, die rasten regelrecht aus, vollkommen cholerisch sind die.

Da erwischt es immer wieder welche von uns, immer die, die sich nicht schnell genug verstecken, wenn wieder so ein wildgewordener Bauer mit seinem Knüppel angerannt kommt. Da hilft nicht mal ein Panzer. Manchmal beneide ich regelrecht die Vögel, die einfach wegfliegen, nachdem sie sich die besten Früchte aus den Bäumen geholt haben, die haben es gut. Aber vielleicht auch nicht, man hört da so Geschichten von Netzen,

gruselig. Darüber will ich gar nicht nachdenken. Das versaut mir nur noch mehr die Stimmung.

Und die ist ohnehin schon schlecht.

Warum?

Heute war wieder ein richtig beschissener Tag – und das mitten im Juli. Eigentlich sollte es über 30 °C draußen haben. Bestes Wetter, um sich morgens in die Sonne zu setzen und aufzuwärmen, dann einen kleinen Imbiss zu nehmen, ein wenig gemütlich spazieren zu gehen und den lieben Gott einen guten Mann sein zu lassen.

Stattdessen: Bewölkter Himmel und schließlich Regen. Im Juli! Und das in Griechenland. Unfassbar.

Die Menschen reden davon, dass das seit Ewigkeiten nicht mehr

vorgekommen ist. Sie freuen sich, angeblich atmen sogar die Pflanzen durch und saugen gierig das Wasser aus der Erde. Also ich hör nichts davon, dass der Wegerich jubelt.

Es gibt sogar Leute, die meinen, dass es nach so einem Regen überall grüner ausschaut. Ich weiß auch nicht warum, die das denken, es kümmert mich auch nicht, aber nach so einem Gewitterguss habe ich erst richtig Hunger. Es schmeckt einfach viel besser.

Außerdem behaupten die Menschen, dass der Regen dazu führt, dass vielleicht nicht gleich wieder überall die Wälder und Büsche brennen. Hoffentlich, denn so ein Feuer ist wirklich schlimm. Vor allem für uns. Wir können kaum weglaufen, wegfliegen sowieso nicht und selten genug finden wir Versteckplätze, in denen wir uns verkriechen können und geschützt sind. Wie gesagt, das ist so schlimm, dass ich darüber lieber nicht sprechen will.

Apropos: Verkriechen.

Wenn es regnet verkrieche mich am liebsten unter diesen Dornensträuchern. Nicht, dass mich die Dornen stören, im Gegenteil. Wozu habe ich schließlich einen Panzer?

Ich finde es ganz gemütlich unter den dornigen Zweigen. Sie sind so ungemein praktisch, die Dornen. Sie halten dieses ganze lästige pelzige Viehzeug, das hier herumstreift, fern von mir, vor allem Füchse und so …

Man kann nie sicher sein, ob die nicht trotz meines Panzers denken, ich sei gutes Futter und anfangen, an mir herum zu knabbern. Dann wird einem ganz anders in so einem Panzer, das kann ich Ihnen sagen. Da geht einem schnell der Arsch auf Grundeis. Aber hier unter den

Dornen sieht mich keiner, hier habe ich meine Ruhe.

Und auch die haarlosen Zweibeiner, die gelegentlich das ausgetrocknete Flussbett entlang durch mein Gebiet wandern, bleiben heute daheim. Regenwetter. Da stellen sie sich sowas von an … unfassbar.

Nun ja – ich schweife ab. Entschuldigung.

Am heutigen Nachmitttag, von dem ich an sich erzählen wollte, lässt sich die Sonne doch noch blicken. Schnell klettern die Temperaturen wieder von 20 °C auf 28 °C, viel wärmer aber wird es nicht. Von mir aus könnte es ruhig noch wärmer werden, aber für heute langt es auch so. Ein wenig Hunger hätte ich schon. Und neugierig bin ich auch, ob die Wiesen jetzt wirklich grüner sind.

Also verlasse ich mein Versteck. So richtig angenehm warm ist mir nicht, das macht aber nichts. Da unten, etwa hundert Meter weiter Richtung Süden ist eine kleine Straße. Die liegt

wunderbar in der Sonne und ist bestimmt schnell trocken. Da kann ich mich auf den warmen Asphalt setzen, um mir den Hintern zu wärmen.

Klingt nach einem guten Plan.

Aber kommen wir wieder zu den Touristen. Mein entspanntes Nichtstun dauert nicht lang. Keine Viertelstunde sitze ich in der Sonne und genieße den Tag, da hält mit quietschenden Reifen einer von diesen Urlaubern. Zu dritt springen sie aus dem Auto, führen einen wahren Affentanz um mich herum auf und fotografieren mich mit ihren Smartphones (ja ich weiß, was das ist), als gäbe es kein Morgen.

Nie hat man seine Ruhe.

Was soll das?

Haben die noch nie eine Schildkröte gesehen?

Ich will nicht fotografiert werden. Schaut, dass ihr weiterkommt. Ihr nervt.

Die denken aber gar nicht daran und dann passiert, was immer passiert, wenn unsereiner von Touristen entdeckt wird: Einer hebt mich hoch, drückt mich an sich und will von den anderen fotografiert werden.

Na warte, Bursche, den Spaß werde ich dir gründlich versauen.

Ich muss nur kurz auf die Blase drücken, dann rinnt dem Kerl mein gesamter Blaseninhalt samt Uraten über die Finger und sein T-Shirt.

Gerade diese weiße Masse finden die Menschen richtig eklig.

Ha! Bingo!

Es funktioniert perfekt.

‚Wääääh hh', schreit der, der mich hochgehoben hat. Das hat er jetzt davon. Sofort setzt er mich wieder ab. Genau da, wo ich vorher schon war. Zum Glück hat er mich nicht vor Schreck fallen lassen, sowas kann ganz schön ins Auge gehen.

Und jetzt? Die Beine in die Hand nehmen und wegrennen? Die Gelegenheit ist günstig und ich bin echt schnell. Aber die sind schneller, das weiß ich aus Erfahrung. Das nächste Buschwerk ist zu weit weg. Also Kopf einziehen, Beine rein unter den Panzer und den Schwanz auch. Irgendwann hauen die vielleicht wieder ab.

Wieder grabschen sie nach mir, heben mich hoch und machen Fotos. Immer wieder popeln sie mit ihrem Finger vor meinem Gesicht herum.

‚Kuck ma, Alta …', sagt einer. ‚Getz kuck doch ma. Say cheese!'

Ich denk ja gar nicht daran. So schon gar nicht.

Und schon hält ein weiteres Auto. Wieder ein Tourist. Noch so ein Spinner.

‚Wait a moment', ruft er den anderen zu. Statt mit einem Handy geht der sogar mit einer fetten Spiegelreflexkamera auf mich los. Weitere Autos donnern vorbei. Die Leute um mich herum stehen da, reden miteinander. Ich schnappe ein ‚Getz pack ma dat Tier da inne Büsche, sonst wirdet am Ende noch übafahn' auf. Was redet der? Hallo? Was soll das überhaupt für eine Sprache sein?

‚Dat is ma ne Idee', antwortet ein anderer. ‚Diese Viechas, die sind ja soo wat von dämlich, wie unser Omma ihre Katze, die rennt auch imma auffe Straße.'

‚Jau, total beknackt, dat Vieh.'

‚Musse dich nich wundan, wennet eines Tages ma platt auffe Straße liecht. Selba schuld sach ich ja imma. Aba unser Omma will dat ja nich hörn. Kannze reden, watte wills.'

Immer mehr habe, ich das Gefühl, ich bin von Irren umgeben.

‚Und du', der Typ schaut mich an.

‚Du bis genau so'n dämlichen Tünnes. Dich fahn se auch platt, wennze nich aufpasst, woll?'

Was reden die da?

Der andere, der mich inspiziert und mich umdreht, faselt was von ‚Weibchen', als wüsste ich das nicht selbst. Schließlich habe ich Dutzende von Eiern gelegt. Und das jedes Jahr.

Dann fällt das Wort *hermanni* – keine Ahnung, was das heißt. Aber es hat offensichtlich was mit mir zu tun. Und von *boettgeri* redet der Kerl. Damit meint er mich. Ich hasse es, wenn andere über mich reden, wenn ich dabei bin – vor allem, wenn sie so tun, als würde ich sowieso nichts davon verstehen.

Nix da *hermanni*, nix da *boettgeri*. Vielleicht kann denen mal einer klar machen, dass ich eine χελώνα bin? So heißen wir hier. Schildkröte – ganz einfach.

Und jetzt lass mich endlich runter, Klugscheißer.

Während die Urlaubergruppe endlich in ihr Auto steigt, hebt mich dieser Typ wieder hoch und trägt mich über die Straße. Mich. Das muss man sich mal vorstellen! Eine Unverschämtheit!

Schade, dass ich ihn nicht mehr anpinkeln kann, die Blase ist leer.

Aber mit meinen Krallen kann ich ihn ordentlich kratzen. Das hat der Depp davon. Also gebe ich mein Bestes, ich strample, trete und bin sicher, ihn ein paar Mal gut erwischt zu haben.

Aber der lässt sich davon nicht irritieren. Mist. Der hatte wohl öfter Schildkröten in der Hand. Und dann – man fasst es nicht – setzt der mich weit weg von der Straße ins hohe Gras. Am Ende gibt er mir einen kleinen Stoß.

Ey Alter, schubs mich nicht.

Zu spät. Ich rutsche einen ganz kleinen Hang runter, weil ich wieder Kopf, Schwanz und alle vier Beine eingezogen habe und keinen Halt finde. Nur etwa eine Körperlänge geht das so, dann lande wieder unter irgendwelchen Dornen.

Hier war ich doch heute schon. Die

ganze Mühe, bis zur Straße hinauf geklettert zu sein, war vergeblich. Nur weil so ein Trottel mich durch die Gegend trägt. Nichts mit warmen Asphalt, nichts mit Abendsonne, ich sitz wieder im Gestrüpp. Jetzt kann ich zusehen, wie es weiter geht.

Zufrieden klatscht der Typ kurz in die Hände, dreht sich um und geht. Vermutlich denkt er, was Wunder er mir gerade für einen Gefallen getan hat. Das Leben, so meint er bestimmt, hat er mir gerettet, weil er mich über die Straße getragen hat. Fast wie eine alte Frau. Ich wollte aber nicht über die Straße. Ich wollte nur dasitzen und den Nachmittag genießen. Das war doch wohl mehr als offensichtlich.

Das nächste Mal tu ich einfach wieder so, als wäre ich ein Stein, wenn ich am Straßenrand sitze und ein Auto mit Urlaubern vorbeifährt. Die meisten merken den Unterschied sowieso nicht.

Und jetzt?

Warte nur Bürschchen. Wenn du in Deinem Mietauto sitzt und fort bist, mache ich kehrt und hock mich oben an der Straße wieder in die Sonne. Von dir lasse ich mir jedenfalls nicht meinen Feierabend versauen.

Ich setz mich hin, wo ich will.

Nicht wo du willst. Da bin ich stur.

Ums Verrecken. Genau das ist leider unser Problem.“

20

PROJEKT »GEMÜSEBEET«

TEIL 5: FERTIG WIRD MAN NIE

Mai 2017

Man glaubt es kaum – endlich ist der große Tag gekommen. Das neue Gehege ist bezugsfertig und die Entscheidung ist getroffen, wer dort einziehen darf: Luise, Berta und Jekyll. Ein „Längsschnitt“ durch die bestehende Gruppe erscheint mir am sinnvollsten, die rivalisierenden, randalierenden Brüder trennen zu können, war ja die Grundidee bei dem Ganzen.Jedes Kerlchen sollte zwei Mädel im Gehege haben. Die gleichaltrigen, gleichgroßen Schwestern Herta und Berta zu trennen, ist dabei ebenso logisch wie in beiden Gehegen je eines der größeren Weibchen unterzubringen: Also Sisi und Luise.

Schnell sind die drei Umzügler aus dem anderen Gehege herausgehoben und in das neue gesetzt. Kurz, schmerzlos, unspektakulär. Ohne Fanfare, ohne roten Teppich, ohne Applaus. Aber mit gehörigem „Blitzlichtgewitter“, sprich: ausgiebiger Beobachtung der drei durch mein Kameraobjektiv inklusive zahlreicher Fotos.

Was werden die Tiere als Erstes machen? Wie werden sie sich verhalten? Wie wird sich der so oft in Internetdiskussionen erwähnte Umzugsstress auswirken?

Werden sie ziel- und orientierungslos durchs neue Gehege stapfen? Werden sie sich verunsichert sofort verstecken? Werden sie das Frühbeet finden und dann auch das Schlafhaus?

Wie steht es mit der so oft beschworenen unabdingbaren Ortstreue? Andererseits sind alle meine Schildkröten bereits mindestens einmal umgezogen, nämlich vom Züchter/Vorbesitzer zu mir. Außerdem kennen sie ihren angestammten Bereich, also ihr Gehege, gar nicht anders, als dass er sich ständig verändert hat und erweitert wurde.

Egal, wie sie sich jetzt verhalten,

ich werde sie dabei fotografieren. Die Zeit nehme ich mir.

Luise, Berta und Jekyll reagieren mitnichten gestresst, beunruhigt oder verängstigt. Hochheben sind sie gewohnt, das bleibt nicht aus, wenn man Schildkröten pflegt, es gibt immer wieder Situationen, in denen man seine Tiere in die Hand nehmen und manchmal umdrehen muss. Sie reagieren weder ängstlich noch panisch – ganz anders als Tiere in freier Natur. Meine Tiere haben gelernt, dass ihnen beim Hochheben keine Gefahr droht. Wenn ich sie schnell wieder auf den Boden setze, dann ziehen sie Kopf, Schwanz und Beine nicht ein und bleiben minutenlang bewegungslos dort, wo sie sind. Im Gegenteil. Sie strecken die Beine bei der „Landung" weit von sich, fast wie ein Flugzeug, das sein Fahrwerk ausfährt. Sie laufen los, sobald sie wieder festen Boden unter den Füßen haben. Womit ich kein Plädoyer dafür halten will, die Tiere permanent und grundlos hochzuheben, aber es macht Manches einfacher, wenn sie an das gelegentliche Handling durch Menschen gewöhnt sind, ganz ohne menschlichen Eingriff geht es nicht.

Meine Tiere haben gelernt, dass sie nicht unbedingt an der Stelle wieder auf der Erde landen, von der ich sie weggenommen habe, ein paar Situationen habe ich in diesem Buch bereits geschildert. Allein mein Wunsch, dass sie die Saison Nacht für Nacht in ihrer Schlafgrube verbringen und ich sie erst daran gewöhnen musste, war nur durchzusetzen, in dem ich sie abends einsammelte und in die Grube setzte – zumindest so lange, bis sie sich aus freien Stücken allabendlich dorthin bewegten. Ausnahmen davon eingeschlossen.

Das Umsetzen beunruhigt sie also nicht weiter. Zielsicher macht

sich das Trio im neuen Gehege auf den Weg. Aber nicht, um die unbekannte Umgebung zu erkunden oder einen Versteckplatz zu finden und abzuwarten, wie sich die Lage entwickelt. Das Interesse der drei ist vollkommen profan: Der Löwenzahn, der die Baumaßnahmen überlebt hat, ist das Ziel ihrer Begierde. Schnurstraks steuern sie die Pflanzen an. Binnen weniger Minuten machen sie ihnen den Garaus. Und zwar alle drei. Danach suchen sie weiter nach Fressbarem, vergreifen sich an den Keimblättern der gerade erst aus der Erde kommenden wilden Stiefmütterchen, schrubben das Vergissmeinnicht wieder und so geht es in einem fort.

Nix als fressen im Kopf.

Soweit, dass nur eine einzige Pflanze es über die Keimblätter hinausbringt, kommt es gar nicht erst. Wie Staubsauger düsen die Schildkröten jeden Tag durchs Gehege und fressen innerhalb weniger Tage alles Ausgesäte zusammen. Der Löwenzahn kann gar nicht so schnell wachsen, wie er gefuttert wird. Das schafft nur die Zaunwinde.

Erst im Herbst werden es Nachtkerzen, Wilde Rauke und andere Aussaaten schaffen, mehr Blätter zu bilden, als die mittlerweile trägen Tiere fressen wollen. Die ausgesäten Hornveilchen, Mohn, Kapuzinerkresse und andere Futterpflanzen kommen vielleicht erst im nächsten Jahr. Oder auch nie …

Keine zwanzig Minuten später liegen die ersten Haufen Schildkrötenkot im Gehege. Ausgerechnet auf dem neuen, weißen, frisch ausgebrachten Gestein. Sie sind angekommen. *Manchmal sind es eben Mistviecher.*

Ich bin sehr zufrieden, dass sie sich nicht angstvoll verziehen und tagelang nicht mehr zu sehen sind. Trotzdem überrascht es mich, dass Luise, Berta und Jekyll gleich am ersten Abend nicht nur den Weg ins Frühbeet gefunden haben, sondern durch den Plexiglaskasten hindurch direkt ins Schlafhaus marschiert sind. Ob es damit zu tun hat, dass die Anordnung des Ein- und des Durchgangs identisch zum alten Frühbeet ist, was es den Tieren vielleicht klarer gemacht hat, weiß ich nicht. Ich halte es aber für möglich.

Was habe ich doch für kluge, kooperative Tiere. *Goldstücke* eben.

Von irgendwelchen Zeichen der Dankbarkeit allerdings wage ich gar nicht zu träumen – kein Lob, wie schön es geworden ist, kein Versprechen, dass sie sich im neuen Gehege wohl fühlen werden. Fressen, pennen – nichts als fressen und pennen. Zwischendurch wird sich gepaart bis es im wahrsten Sinn des Wortes klatscht und quietscht. Genau so soll es sein.

Und die anderen?

Das Leben der drei Tiere im vorhandenen Gehege wird spürbar ruhiger, es geht wesentlich entspannter zu als noch vor ein paar Tagen. Trotzdem täten ein paar gestalterische Eingriffe gut. Die Einfriedung braucht ein paar stabilisierende Maßnahmen. An zwei, drei Stellen ist sie wacklig – vor allem, dort, wo ich immer über den Zaun steige und hin und wieder mit dem Fuß hängen geblieben bin.

„Heb Deine Füße …", die ständige Ermahnung der Kindheit holt einen eben doch wieder ein. Ich bin also selbst schuld, dass ein paar Schrauben ausgebrochen sind und erneuert werden müssen.

Einige Pflanzen müssten dringend zurückgeschnitten werden, die Kiefer am Gastank zum Beispiel. Andere Pflanzen sollten besser ganz raus aus dem Gehege, sie sind einfach zu üppig und beschatten zu viel Fläche oder nehmen Platz weg. Ich schneide die Kerrie zurück, zwicke den kleinen Kiefern Triebe weg und steche mehr als ein Dutzend Ableger der Segge aus. Ich mag die Pflanze und meine Tiere mögen sie auch. Aber was zu viel ist, das ist zu viel.

Auch der vertrocknete Strauch im Frühbeet müsste erneuert werden. Er ist eine permanente Anklage an meine Vergesslichkeit, wenn ich das Gehege gieße, gefälligst auch an die Pflanzen unter dem Plexiglas zu denken. Wenn es heißt, dass im Winter mehr Pflanzen vertrocknen als erfrieren, dann kann ich nur sagen: Stimmt.

Und wenn ich schon mal im Frühbeet zugange bin: Die ganze Elektrik ist mir zu störanfällig und daher verbesserungswürdig. Als es eines Tages im Frühbeet morgens dunkel bleibt, baue ich den Strahler ab, schraube das durchgebrannte

Leuchtmittel heraus und fahre damit zum Baumarkt. Längst habe ich mir angewöhnt, diese als Muster mitzunehmen. Zu oft kam ich mit falschen, nicht passenden Glühbirnen heim. Dieses Mal aber muss ich beim Auswechseln feststellen, dass nicht nur das Leuchtmittel sondern gleich der ganze Strahler verraucht ist – also auf dem Absatz kehrt machen, einen neuen Strahler kaufen. Lange kann es nicht mehr dauern, bis mich im Baumarkt die Verkäufer alle mit Namen begrüßen, an der Kasse jedenfalls reagiert man schon mit ungläubigem Staunen, wenn ich die Frage, ob ich eine Kundenkarte hätte, mit „Nein!" beantworte.

Und ich mache weitere Pläne: Der Deckel des alten Schlafhauses ist, obwohl er sich grundsätzlich bewährt hat, auch eher so der Prototyp, der verbessert werden könnte. Einen Winter noch, dann mach ich einen neuen …

Auch das neue Frühbeet bedarf noch einiger Nachbesserungen: Es sitzt nicht überall dicht auf seinen Steinen, davon war die Rede. Bei kräftigem Regen läuft das Wasser die Scheiben herunter und rinnt an der Rückwand durch die Steine hinein ins Beet. Pfusch eben.

Nicht, dass es dort zu Überschwemmungen kommt – so dramatisch ist das nicht. Zunächst freue ich mich sogar, dass ich so um das lästige Gießen im Beet herumkomme, aber das ist ein Trugschluss, der kleine Rosmarin ist trotzdem nach kurzer Zeit vertrocknet.

Also kann ich mich auch darum kümmern, die Kante abzudichten, einmal mehr schlendere ich durch den Baumarkt („Nein, ich habe immer noch keine Kundenkarte!") durch alle Abteilungen auf der Suche nach Inspiration bevor ich auf die Idee komme, mit Hilfe eines Alu-Winkelprofils und einem speziellen Klebeband zur Abdichtung von Mauerfugen eine für mich typische, eher eigenwillige Lösung zusammenbasteln. Das Flickwerk geht weiter. Funktionalität geht vor

Optik. So ist es immer.

Bei der anschließenden Montage des Winkelprofils fällt mir auf, dass die Büsche neben dem Frühbeet viel zu üppig gewuchert sind. Wider Erwarten sind sie nicht nur wiedergekommen, nachdem wir sie im Vorjahr radikal zurückgeschnitten und ich während der Bauphase tagtäglich auf den jungen Trieben herumgetrampelt bin.

Darum werden sie sofort geschnitten, das duldet keinen Aufschub. Und weil ich gerade dabei bin, schneide ich die Kletterrose in dem einen und den Hibiskus in dem anderen Gehege ebenfalls zurück. Trotzdem ist immer noch Platz im großen Sack, mit dem ich die Gartenabfälle zum Wertstoff bringe, also schneide ich im Gehege weitere Sträucher zusammen, halbiere den üppigen Salbei, unter dem sich die Schildkröten so gern verstecken.

Der Sack ist noch nicht voll. Ich könnte schnell noch den Blauregen an der Hauswand kürzen, damit die Außenleuchte bei der früher einsetzenden Dämmerung überhaupt wieder wahrnehmbar ist. Schweren Herzens mähe ich als letztes den Rasen, auch wenn der frisch gewachsene Löwenzahn und Klee den Schildkröten sicher viel Freude gemacht hätte – aber was weg ist, das ist weg und der Wertstoffhoff hat heute geöffnet.

Erledigt, der Sack ist voll – ab zum Wertstoffhof. High efficiency – mein neuer zweiter Vorname.

Los geht's.

Halt: Altglas …

Eine kluge Entscheidung, auf dem Rückweg kann ich gleich einen Abstecher zu einem unbebauten Grundstück in der Nachbarschaft machen und die kleine Altglas-Wanne mit Löwenzahnstängeln füllen. Längst haben sich die Samenschirmchen ausgebildet. Behutsam pflücke ich Stängel um Stängel und lege sie vorsichtig hinein – dass mir nur nichts davon fliegt. Kopfschüttelnd beobachtet mich eine ältere Frau bei ihrem Spaziergang mit ihrem Pudel. Ganz sicher hält sie mich für einen Spinner, so sorgsam, wie ich die Pusteblumen in die Wanne lege. Die Frau kann ja nicht wissen, dass ich es

weniger auf die Pflanzen als Futter als auf ihren Samen abgesehen habe.

Genauso vorsichtig nehme ich daheim die Blütenstängel wieder aus der Wanne und verteile sie im Gehege. Ich kippe etwas Wasser darüber, dass der Löwenzahnsamen nicht beim nächsten Windstoß davon fliegt, sondern gleich hier im Gehege an der feuchten Erde festpappt. Je mehr davon angeht und wächst, umso besser.

Leider beschränken sich die Pflanzen nicht auf das Schildkrötengehege, sondern wachsen mit großer Leidenschaft und Hartnäckigkeit aus den Fugen zwischen den Steinen auf dem Weg im Garten. Den Preis muss ich zahlen. Zur Not kann ich den später wieder herausrupfen und verfüttern …

Man wird, da sind sich Schildkrötenhalter und Gehegebauer einig, nie fertig. Nur selten gibt es diesen einen Moment, dass man sich ins Gehege setzt und *So soll es bleiben* von Ich + Ich pfeifen könnte:

So soll es sein
So kann es bleiben

Zumindest mir geht es so. Da nützt auch der noch so gemütliche Pflanzstein nichts, den ich nicht mehr verbaut hatte (einer bleibt eben immer übrig). Er steht immer noch an der Gehege-Einfriedung, auf ihn lege ich gern ein Stadionkissen und setze mich eine Weile zu meinen Tieren ins Gehege, schaue ihnen zu und bin froh, einfach nur da zu sein. Den Augenblick genießen, sich von der Sonne bescheinen lassen und die Tiere zu beobachten ist ein wunderbarer Moment. Oft frage ich mich, warum ich so bescheuert bin, die Mittelmeerländer abzuklappern und stundenlang in sengender Hitze Schildkröten zu suchen, wo ich sie daheim direkt vor der Nase habe.

Wespen kommen zu den Wasserstellen, Schmetterlinge sitzen auf den Sträuchern, Bienen summen über den Blüten des Fingerkrauts, dicke Hummeln kreisen. Meine Schildkrötengehege sind zwar nur ein winziger Beitrag im Kampf gegen das Insektensterben, trotzdem

bin ich froh, mit den Anlagen kleine Oasen für einige heimische Wildtiere geschaffen zu haben. Auf dem Zaun sitzt eine Heuschrecke und beobachtet mich misstrauisch und fluchtbereit, wie ich erst sie fotografiere und dann eine Unzahl von Fotos von Luise mache, die auf einen trockenen Ast geklettert ist und sich umschaut, wie sie da wohl wieder herunterkommt. Schließlich stürzt sie sich wagemutig kopfüber nach vorne in die Tiefe, wenn man bei nicht einmal 20 Zentimetern, die es nach unten geht, überhaupt von Tiefe sprechen will.

Jetzt singen:

So soll es sein
So kann es bleiben
So hab ich es mir gewünscht
Alles passt perfekt zusammen
Weil endlich alles stimmt

Ein unangenehmes Brummen durchdringt plötzlich die Stille und holt mich rüde aus den Tagträumen zurück. Eine Nachricht auf dem Handy poppt auf. Dann noch eine.

Erst nur ein Fragezeichen. Dann ein „Wo bleibst du?“. Ein Freund erkundigt sich, warum ich ihn nicht längst abgeholt habe. Stimmt. Ich war vor einer halben Stunde zum Schwimmen im Weiher verabredet, das habe ich ja vergessen. Ist ja nicht so, als ob ich nicht noch andere Hobbys hätte.

Ich komme ja schon – nur nicht hetzen …

DANKE

Mein Dank gilt

- Allen voran meiner Frau, die mich einen Spinner sein lässt, nicht nur in Sachen Schildkröten, aber hier ganz besonders. Vor allem im Urlaub fordere ich ihr große Geduld ab.
- Meinen Töchtern, die mit großem Langmut die Spinnereien ihres Vaters ertragen und sogar noch stolz darauf sind.
- Thorsten Geier, den ich zum Glück nicht allzu lange überreden musste, auch dieses Buch in sein Verlagsprogramm aufzunehmen.
- All denen, die mich hartnäckig bedrängt haben, ein zweites Buch zu schreiben; hier vor allem Barbara. Sie war die Erste, die zu mir sagte: „Ich freu mich schon auf die Fortsetzung!" – ohne dass sie auch nur eine Zeile aus den *Mistviechern* gelesen hatte. Darum war sie auch die Erste, die das Manuskript von *Manchmal sind es Goldstücke* lesen durfte und mir wertvolles Feedback geben konnte.
- Iris und Dagmar, die ebenfalls das Skript vorab gelesen haben, auf Fehlersuche gingen und mir viele Rückmeldungen gegeben haben, was sie gut und was sie verbesserungswürdig fanden.
- All denen, die mir für die *Mistviecher* eine Lese- oder Vortragsbühne gegeben haben, was eine ungemein katalytische Wirkung für den Erfolg des ersten und die Entstehung des zweiten Buches zur Folge hatte.
- All denen, die mir bestätigt haben, dass sie sich in so vielen Geschichten wiedergefunden haben – wir sind eben nicht allein.
- All den Personen, die – größtenteils ohne Vorwarnung – in diesem Buch namentlich oder anonym erwähnt oder zitiert werden. Das sind vor allem Alex, Alexander, Andreas, Anita, Anja, Anneliese, Annett, Barbara, Bernd,

Bert, Bettina, Chris, Christin, Christine, Claudia, Corinna, Edda, Danielle, Gudrun, Gunda, Hans, Herbert, Hugo, Inge, Iris, Klaus, Lars-Gunnar, Mandy, Marion, Martina, Marvin, Nina, Paul, Petra, Philipp, Ralf, Regina, Ricarda, Sandra, Simone, Stephan, Thomas, Timm, Tizian, Toni, Torsten, Ute, Werner und Wolfgang. Ihr gehört zum „Personal" meiner Geschichten oder gabt mir Inspirationen oder erzähltet Stories, die ich aufgegriffen und in dieses Buch integriert habe.

- Werner Hardt vom Bezirksverein Niederrad e.V. für Informationen und Unterstützung im Fall „Suppenkasper – die Zweite"
- Petra Czech von der Tengelmann Warenhandelsgesellschaft KG für die Bereitstellung von Bild- und Textmaterial im gleichen Kapitel.
- Ina für die Übertragung diverser wörtlicher Rede ins Schriftbayerische
- Ihnen, liebe Leser, danke ich, dass Sie das Buch bis zum Ende gelesen haben. Sie sind ein Goldstück. Ehrlich.

QUELLEN

Neben den zahlreichen persönlichen Gesprächen und Erzählungen, den Hinweisen und Diskussionen aus sozialen Netzwerken und meinem E-Mail-Verkehr greife ich in diesem Buch zurück auf folgende Literatur bzw. zitiere daraus:

- Bender, C. (2001): Fotodokumentation von geschützten Reptilien. – Rheinbach (Deutsche Gesellschaft für Herpetologie und Terrarienkunde), 28 S.
- Brecht, B. (1981): Die Stücke von Bertolt Brecht in einem Band / Die Dreigroschenoper. – Frankfurt (Suhrkamp), 1388 S.
- Dworschak, C. (2014): *Testudo* und *Hermanni* – zwei Schildkröten, wie sie unterschiedlicher nicht sein können. – Biebertal (Kleintierverlag), 95 S.
- Lacroix (1949/1950): Winter-Preisliste (Unternehmenspreisliste). – Frankfurt am Main. 15 S.
- Lacroix (1961): Unternehmenspreisliste. – Frankfurt am Main, 40 S.
- Geier, T. (2016): Der Schildkröten-Gärtner – Naturnahe Ernährung Europäischer Landschildkröten. – Biebertal (Kleintierverlag), 301 S.
- Glandt, D. (2010): Taschenlexikon der Amphibien und Reptilien Europas. Wiebelsheim (Quelle & Meyer), 633 S.
- Hoffmann, H. (1999): Der Struwwelpeter – oder lustige Geschichten und drollige Bilder für Kinder von drei bis sechs Jahren, Bindlach (Loewe-Verlag), 24 S.
- Prauser, L. (2016): *Manchmal sind es Mistviecher* – warum man Schildkröten einfach lieben muss. – Biebertal (Kleintierverlag), 161 S.
- Sehns, H. (1957): Kochkunst und Konservierungstechnik. – In: Die Fleischwirtschaft. Frankfurt (Verlagshaus Sponholz), 9 (10): 650–653.
- Unternehmensgruppe Tengelmann (1984): Keine Schildkrötensuppe mehr bei Tengelmann, Kaiser's und Plus. – Pressemeldung vom 01. März 1984 (liegt dem Autor vor).
- Wegehaupt, W. (2012): Europäische Schildkröten. Lebensraum und Lebensweise – Kressbronn (Wegehaupt-Verlag), 448 S.
- www.botmuc.de: Internetportal des Botanischen Gartens München.
- www.songtexte.com: http://www.songtexte.com/songtext/ich-ich/so-soll-es-bleiben-1bd68d08.html, zitiert am 25.09.2017

Weitere erschienene Bücher im **kleintierverlag**